地頭が劇的に良くなるスタンフォード式超ノート術

讓腦袋大躍進的
史丹佛超級筆記術

柏野尊德──著　楊毓瑩──譯

從史丹佛到矽谷都在用！
讓工作、溝通、問題解決速度提升10倍

前言

▼「腦袋好」是什麼意思

請想一想生活周遭有哪些人讓你覺得他們「腦袋很好」。

- 一天就能完成別人三天才能做完的事的人。
- 能立刻理解別人的話並整理出重點的人。
- 簡報讓人聽得如痴如醉的人。

任何希望在工作上有所成果的人，都知道這樣的高發想力、思考力以及引人入勝的溝通能力有多麼重要。

然而，談到提升這些能力的具體方法，又是另一回事了。

到底該怎麼做，才能變成「腦袋好」的人？

很多人由於不知道方法，最後便認命地認為「反正腦袋好是天生的」、「還不就因為他是天才啊」等等，因此不再做任何有助於提高發想力和思考能力的事。

這麼做真是太對不起自己了。

只要掌握適當的方法，不分年齡、性別、學歷、工作經歷，每個人都能擁有比現在更強的發想力和思考能力。

我就是在史丹佛大學，有了學習「適當方法」的機會。

矽谷是蘋果、谷歌、臉書等企業雲集的園區，史丹佛大學則是孕育出矽谷的教育研究機關。所以說，史丹佛大學稱得上是「全球最先進的知識生產場所」。

那裡匯聚了全球的頂尖人才，這些只有用天才稱呼才配得上他們的聰明人，不僅提出眾多令人驚豔的創意，也夜以繼日地在各領域展開新穎的研究和事業。

或許有人會認為「因為史丹佛是名校，才會吸引這麼多天生頭腦好的人」。

但實際上卻不是這樣。

「我在史丹佛讀書之後，腦袋才『大躍進』」。

▼目的是產出而非投入的「史丹佛式筆記術」

我去史丹佛大學之前，一直以為「大家在學校裡一定都是使用最先進的科技」。

然而，真正到了當地之後，才發現教授和學生用的只有「紙筆」。儘管這裡是培育出蘋果、谷歌等眾多全球先進科技企業的地方，但最受重視的竟然是最老派的工具，真是大出我預料之外。

而且，更令我驚訝的是「大量的用紙量」。

- 一、二小時的思考，就能用掉約四疊．二百張的便條紙。
- 用大量的影印紙隨意寫下想法，再把這些想法整理成筆記。
- 用白板取代 PowerPoint，寫了又擦，擦了再寫。

像這樣，不停地寫、寫、寫……。吸收課程中所學的各種知識架構後，不斷地激發想法，我一輩子從沒用過這麼多紙筆。

並不是默默地思考，而是必須在反覆書寫的過程中，整理頭緒。

我就讀的史丹佛大學，完全不會像日本的學校要求學生照規矩寫筆記，例如「把老師教的東西抄下來」或者「摘要課本的內容」等。

以前有一本暢銷書叫做《考上第一志願的筆記本：東大合格生筆記本大公

開》（聯經出版公司），換成史丹佛的話，那就是「史丹佛式的筆記一定又髒又亂」。

為什麼？因為根本沒時間管筆記工不工整。

「為什麼史丹佛這麼注重產出的量和速度？」

這一點讓我體驗到相當大的文化衝擊。

但同時也學習到多數日本人在職場上缺乏的重要能力。

- 「發想力」，不受限於前例和偏見，可以從零開始，將大量的想法寫在紙上。
- 「邏輯思考能力」，可以用各種知識架構整理亂無章法的想法。
- 「共感力」，在別人察覺之前，徹底將想法透過語言表達。

這不就是「讓腦袋變好的具體方法」嗎？

將這個方法彙整成明確的知識生產方法理論，只要有筆紙，人人都能輕鬆實踐這些方法。這就是全球頂尖大學史丹佛大學厲害的地方。

▼靠筆記技巧就能鍛鍊「好腦袋」

在美國，不只寫筆記的方式，就連工作上也會有比較大而化之的地方。這種態度比較不拘小節，但講求速度。

另一方面，日本的職場非常拘謹。這樣的做事方法花時間且慢，但能顧及細節。

雖然兩者沒有好壞之分，不過產出的「速度」和「數量」，才是讓自己在發展與變化顯著的時代活躍的關鍵。而我們可以透過史丹佛筆記術，鍛鍊產出的速度和數量。

本書將商務人士必備的「聰明腦袋」分為「發想力」、「邏輯思考能力」及「共感能力」，介紹如何使用無所不在的「紙筆」，有效提升這些能力。

這些方法奠基於我二〇一二年起在史丹佛大學所學到的方法論。

史丹佛大學的學生，在課堂上會學到一定的紙筆使用理論和架構，並且學以致用。尤其是針對社會人士的相關專業課程，四天的學費一人就高達一百四十萬日圓。儘管學費昂貴，但課程相當熱門，名額通常在開課的好幾個月前額滿。「基於想學習全新的工作方式」，所以全球各地的優秀人才齊聚於此，學習相關知識。

我認為「將這些知識占為己有太可惜了。希望能幫助日本人學習這些知識」，因此八年前在網路上分享免費的相關課程內容和影片，累計下載人次已達十六萬。另外，我也透過舉辦工作坊和演講，把這個方法教給了五千名以上的學員，其中除了經營者和商務人士之外，也包括大學教授、醫生、律師及高中生。

職場上必備的智識基礎是由再耳熟不過的「發想力」、「邏輯思考能力」及「共感能力」所組成。我希望能讓更多人有機會確實養成這些能力和技巧，所以寫了這本書。

若本書能讓更多人工作速度變快、更具創意及提高生產力，且獲得突破性的成果，便是我的榮幸。

Contents 目錄

第1章 使右腦點子源源不絕的「點子筆記」

第2章 用左腦整理邏輯思考的「邏輯思考筆記」

第3章 引發對方左右腦共鳴的「簡報筆記」

第4章 讓整個團隊變聰明的白板使用法

序章 史丹佛大學在教的最新筆記術

INTRODUCTION

THE WORLD'S MOST ADVANCED NOTE-TAKING METHOD LEARNED AT STANDFORD

Overview

本書要介紹的，不是日本一般常見的「工整」、「劃一」、「乾淨」的筆記法，而是「潦草」、「凌亂」、「最快速」的筆記法。

書寫有助於我們透過視覺，注意到原本不清楚或沒注意到的部分。這當然也會讓你的思考變敏銳，同時也因為可以將寫下來的東西呈現給別人看，所以能讓團隊、夥伴採取你期待的行為。

SECTION 1

聰明人具備的三個特徵

本書所說的「地頭力」，是指「從零開始創造成果的能力」。

更具體來講，以下三種能力就是地頭力的真面貌。

1 發想力→不受常識束縛，能迅速且大量想出點子的能力

2 邏輯思考能力→用自己獨到的觀點整理、分析事物的能力

3 共感能力→獲得周遭的共鳴，實際改變現實的能力

我將從下一段落開始介紹各種能力。

01 想出大量天馬行空點子的發想力

構成「地頭力」的第一種能力是「發想能力」。

發想能力經常被視同個人的天賦和才能，但現在已經有一套方法，可以讓任何人提升發想能力。

這個方法就是稱為「設計思考」的新穎思考法。設計思考的內容完全就是我在史丹佛大學學到的東西，也是全球菁英正在關注的議題。

Fig.1　地頭力的3要素

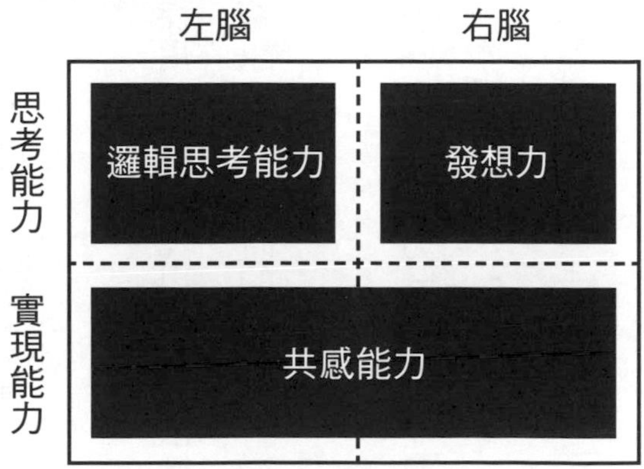

為什麼設計思考可以受到全球的關注？這是因為史丹佛等最新技術和事業的誕生地，都發現了「邏輯的極限」，也就是有些境界光靠邏輯是達不到的。

過去的職場注重邏輯思考能力。只要事先規劃好工作並想辦法有效率地執行就好。

但是，近幾年來商務環境持續大幅變化，若仍採用「審慎研究出正確方法後再著手做出成果的作風」，在調查資訊的過程中，資訊本身變過時的風險也會增加。

因此對於「因應變化從零開始投入新事物之能力」＝「發想力」的需求才會遽增。

設計思考是養成發想力的方法理論，主要使用紙和筆這些傳統工具。

實際上，在史丹佛大學的設計思考課程中，也是讓學生在作業進展到一定程度後，才使用電腦等電子設備。一開始用的頂多是紙筆以及白板這些工具，透過讓學生自由討論、研議來激發想法。

刻意用紙筆取代 Word、PowerPoint 等方便的電子應用程式，是有理由的。

理由在於「動筆一定要先動手。然後我們會更深入挖掘書寫過程中發現的事物」，而紙筆能強制我們專心培養這樣的思考模式。

不管在想點子、做簡報或寫報告資料的時候，我們都會習慣先思考「正確答案」才開始書寫。只要手邊有電子設備，在用自己的腦袋思考前，就會先上 Google 搜尋案例，找找製作資料的範本。

我們在成長的過程中養成了這樣的習慣。讀幼稚園和托兒所時，都能隨心所欲畫圖，但隨著上小學、國中，卻變得會顧慮「別人看到自己的畫會怎麼想？」，開始在意外界規則和旁人的眼光，而非是想透過畫表達自己的感受和想法。通常這會讓我們的思考侷限在一定的框架中。

當然，基於社會規範或在對錯等「框架」上思考，本身並不是一件壞事。然而，過度意識到框架則會限制自由發想。

若想擺脫這樣的習性，重新擁有幼年時期自由自在的想像力，最有效的方法就是像五歲小孩畫圖一樣，只拿紙筆，快速把想法通通寫下來，這就是設計思考的做法。

2 讓說明變簡潔俐落的邏輯思考能力

另一種能力是透過邏輯思考，客觀評估事物的好壞。這裡所說的評估，是指冷靜比較事物和各種想法之間的優缺點。

只要提升第一種技能，也就是發想力的話，就能早一步想到別人沒想到的點子，但若想了解這個點子的優缺點，還是得發揮「邏輯」能力。

增進邏輯思考能力，就能客觀地理解各方面的條件，例如，實現這個想法要花三個月還是三年、如果花三年才能完整執行，需要哪些人的協助、如果預算低而且要在三個月內實踐這個想法，現在應該做什麼？等等。

若能從客觀的立場去理解，就能仔細檢討這些條件，清楚知道哪裡受限、哪裡有問題。

也就是說，邏輯思考能力讓我們能評估一件事的優劣。

若能根據一定的標準評估接下來的行動，就能清楚訂出行動的優先順序，知道「應該做什麼」、「避免做什麼」。像這樣提高邏輯思考能力，就更能重現思考過程。換句話說，你以外的其他人，就能理解你的思考程序和方式。若能有邏輯地進行說明，也等於證明你不是一時想到什麼就隨便提出來，而是基於一定的根據和思考過程才提出意見。

透過前面介紹過的發想力迸出各式各樣的點子和可能性，然後再藉由這裡介紹的邏輯思考能力，分析哪個點子能達到最佳成效，縮小選擇範圍。

3 具有號召力、促發他人行動的共感能力

除了發想力和邏輯推理能力，要在職場上真槍實彈做出成績，還要加上另一種能力。那就是組成地頭力的第三種要素，溝通能力。

增進前面介紹的邏輯推理能力，可以提升表達能力和說服力。但光靠這樣是不夠的。因為即使你聽起來很合理，但別人會不會支持你的意見，又是另外一回事了。即使你覺得自己的點子或意見很厲害，但只要公司的人或客人說「好是好，但我沒有特別想參與」的話，就沒有意義。若希望別人可以將你的點子和想法融入日常生活，就得適度溝通。

一般說到溝通能力，大多都會把焦點放在「說服力」等將自己想法表達給他人的能力，但真正有效的反而是與之相反的能力。也就是說，理解溝通對象感受和想法的「共感能力」相當重要。

SECTION 2

同時培養三種能力的史丹佛超強筆記術

本書由三階段組成，讓你的腦袋跳躍式變好

本書將依以下的結構，介紹能提升地頭力的「筆記術」。

本書分為三大篇，包括基礎篇、應用篇及發展篇。

首先在基礎篇中，我會談到前面介紹的三種地頭力基礎能力，「發想力」、「邏輯思考能力」以及「共感能力」。在每一章的開頭，我會介紹在史丹佛課堂上和講師身上學到的「習作活動」，告訴你做什麼可以增進地頭力。接著，也會教你提高習作效果的「訣竅」。最後再介紹顯示這些工具和訣竅有用的相

關研究，以及地頭力高的人的「思考方式」。

在應用篇中，我會談到帶領團隊共創成果的方法，這也是發揮領導能力不可或缺的合作技巧。

最後的發展篇，則會跳脫本書介紹的工具，介紹能大幅提升日常工作績效的思考法和專注法。

閱讀本書能讓你培養以下三種技巧。

- **基本技巧**：學習同時提高工作速度和品質的基礎方法。
- **合作技巧**：學習帶領團隊展現高績效的的方法。
- **強效技巧**：學習每天處理高階工作的人都有的簡單習慣。

Fig.2 本書的構成

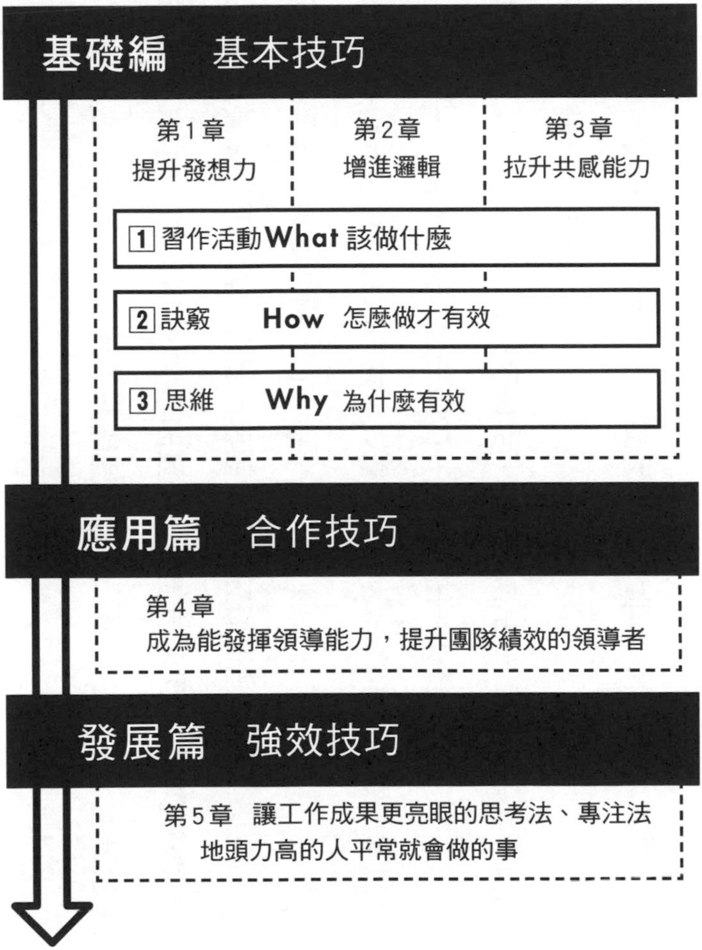
基礎編 基本技巧
第1章
提升發想力
第2章
增進邏輯
第3章
拉升共感能力
1 習作活動 What 該做什麼
2 訣竅 How 怎麼做才有效
3 思維 Why 為什麼有效
應用篇 合作技巧
第4章
成為能發揮領導能力，提升團隊績效的領導者
發展篇 強效技巧
第5章 讓工作成果更亮眼的思考法、專注法
地頭力高的人平常就會做的事

日本人在學校只學到「直線筆記」

「抄筆記」這個行為，很容易令人感到無聊。也有人會覺得「知道寫筆記很重要，但麻煩死了」。會這麼想，或許是因念書時期無聊的筆記經驗所致。通常在學校寫筆記時，都是抄寫老師整理好的內容或別人的摘要。

本書將這種筆記稱為「直線筆記」。

多數人對筆記的印象大概是這樣。以學校來講，就是依序照抄老師寫在黑板上的內容。基本上，每一行都會利用紅色、藍色或螢光筆標示重點。

這種筆記方式，是將別人提供的資訊，直線式地由上而下依序寫在筆記上。也就是所謂的「念書筆記」。

然而，有研究顯示，相較於本書介紹的其他筆記方式，這種直線式抄寫資訊和知識的筆記法，記憶和理解的效果都不彰。

既然效果這麼差，為什麼多數人還是用這種方式寫筆記？

因為依序抄寫別人提供的資訊，是他們知道的唯一方法。

例如，歷史老師在課堂中，會依時序標示1、2、3、4、5列出歷史事件。如果任意換成4、2、1、5、3的排序，就會導致學生覺得混亂。

也就是說，這只是「老師為了避免學生覺得混亂，所以才會依單一方向傳遞資訊」，「聽的人未必要直線性地做筆記」。

不過，我們在學校有系統地學習做筆記，幾乎沒機會知道研究結果顯示，筆記的方法會改變記憶的強度。結果，明明有這麼多種筆記方法，卻沒有人發現原來有些筆記法很棒。

當然，我並不是說直線性的筆記方式絕對不好。學生時期的念書筆記法，適用於將「已經整理好的資訊」，「一字一句紀錄下來」的情況。然而，這種筆記法就跟在商務會議中，將發言者的話一字不漏寫下來的會議紀錄一樣。

雖然記錄事實很重要，但卻無法讓我們了解「哪些資訊重要」、「為什麼重要」以及「該如何運用在下次的行動中」。

既然都辛苦做筆記了，當然希望內容未來能派上用場，而且如果能享受做筆記的過程，就不會覺得有壓力。另外，最理想的狀態是，筆記內容不僅能在未來發揮功能，地頭力也在不自覺中一天比一天強。

SECTION 3

顛覆筆記技巧常識的「三種筆記」

本書介紹的是統括這三項要素的筆記法。為什麼本書的筆記法可以讓人快樂做筆記、做有用的筆記以及提升地頭力？因為本書的筆記法不同於學校課程的筆記，不是為了吸收學習，而是重視「產出」。

被動抄寫無聊的內容，本身就是一項無聊的作業。不過，如果是主動寫下自己當下的感受、想法，或寫下未來的夢想和目標，寫筆記就會變成好玩的活動。

本筆記法的根基是我在史丹佛大學學到的架構。這裡介紹的工具種類豐富，不論是單獨使用或供團隊使用的都有。有些架構即使你現在用不到，未來一定也可以幫助你在職場上增進創新能力。

至今為止，我已經將這些架構介紹給日本國內形形色色的人，儘管不是全部，但很多人都說多數框架不分產業和職務類別都能發揮效果，而且實際上引進公司後，工作速度也比以前快了二到三倍。

本書的筆記方式大致分為三種。

1 提升發想力的「點子筆記」

2 增進邏輯的「邏輯筆記」

3 拉升共感能力的「簡報筆記」

❶提升發想力的點子筆記

第一個筆記方法是寫下重要的關鍵字，在視覺上串連這些字。這個筆記法重視的是發想能力，筆記內容包括沒有系統地隨興塗寫和簡短的備忘錄。適用於工作的

Fig.3 圖像式的點子筆記

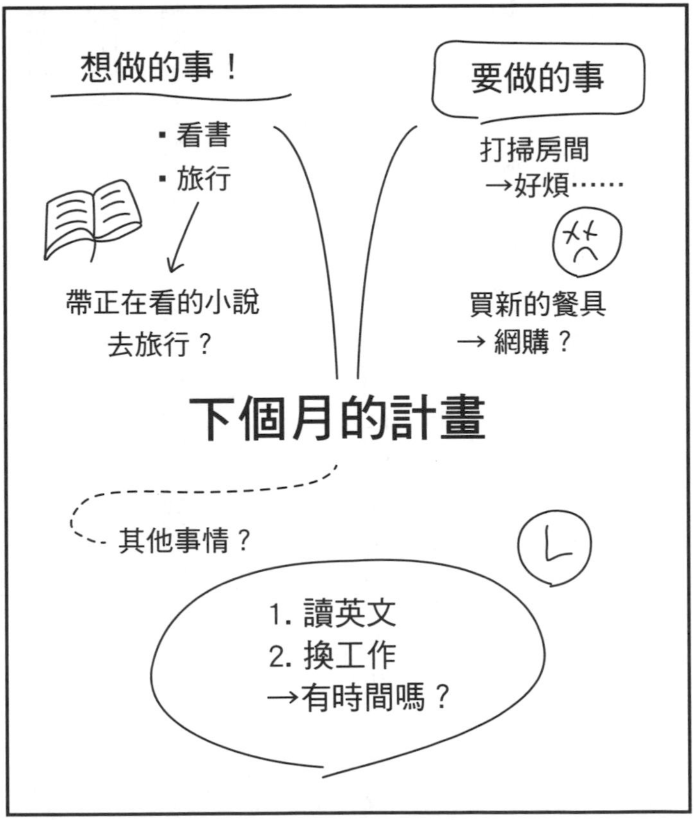

這個例子針對下個月的計畫，想到什麼就寫什麼。一邊動手一邊思考吧。畫線連結每一句話，用圓圈把字框起來，將腦中的想法視覺化。由於簡單的圖可以刺激思考，所以我也建議可以畫一些。

企畫階段等場合。

這個筆記法比直線式筆記更隨意。因為只要把重點放在自己覺得重要的地方，想到什麼關鍵字就寫下來即可。

這個例子針對下個月的計畫，想到什麼就寫什麼。一邊動手一邊思考吧。畫線連結每一句話，用圓圈把字框起來，將腦中的想法視覺化。由於簡單的圖可以刺激思考，所以我也建議可以畫一些。

相較於直線式筆記，點子筆記偏向圖像式書寫，因此想盡情發揮想像力的時候，就可以採取這個筆記法。另外，也不像直線式筆記一樣，一開始就要決定好書寫的順序，之後隨時可以添加相關資訊上去。

這個筆記方式也適合創意發想和看書記重點的時候用。例如，一本書第一一二頁和第一七九頁的內容有密切關聯，而且也讓你回想起自己的經驗。直線式筆記很難把內容串聯起來，而這個筆記法只要畫線就能串連所有內容。

Fig.4 分析性的邏輯筆記

○ 優點
▪ 可以享受一個人的旅行
▪ 2天1夜輕旅行
▪ 品嚐當地美食
▪ 伴手禮買好買滿
△ 有待改善的地方
▪ 行程太短
▪ 沒時間去想去的雜貨用品店
▪ 花太多錢
？不確定的地方
▪ 下個月不知道能不能順利請連假
▪ 接下來要去哪裡？
▪ 要約朋友一起嗎？
！點子
▪ 和朋友出國玩
▪ 這次先做好旅行目的地的功課
▪ 也先決定預算

這個例子是想請連假安排一趟國內旅遊。針對事先整理好的主題，一一寫下自己的感覺和想法。在整理資訊的過程中，就會慢慢釐清自己看重的事情和接下來想挑戰的事情。

另外，寫不工整也無所謂，這也是這個筆記法的迷人之處。用其他顏色標示或使用插圖，更能寫出令人印象深刻的筆記。

增進邏輯思考能力的邏輯筆記

接下來是邏輯筆記。該筆記方法重視的是邏輯思考能力，以約70％的準確度分類你想到的點子，大致排列優先順序。

這個例子是想請連假安排一趟國內旅遊。針對事先整理好的主題，一一寫下自己的感覺和想法。在整理資訊的過程中，就會慢慢釐清自己看重的事情和接下來想挑戰的事情。

透過點子筆記進行腦力激盪後，或針對課程講義、會議結果等，已經彙整到一定程度或按順序排列的資料進行摘錄時，都適合採用邏輯筆記。

Fig.5　令人印象深刻的簡報筆記

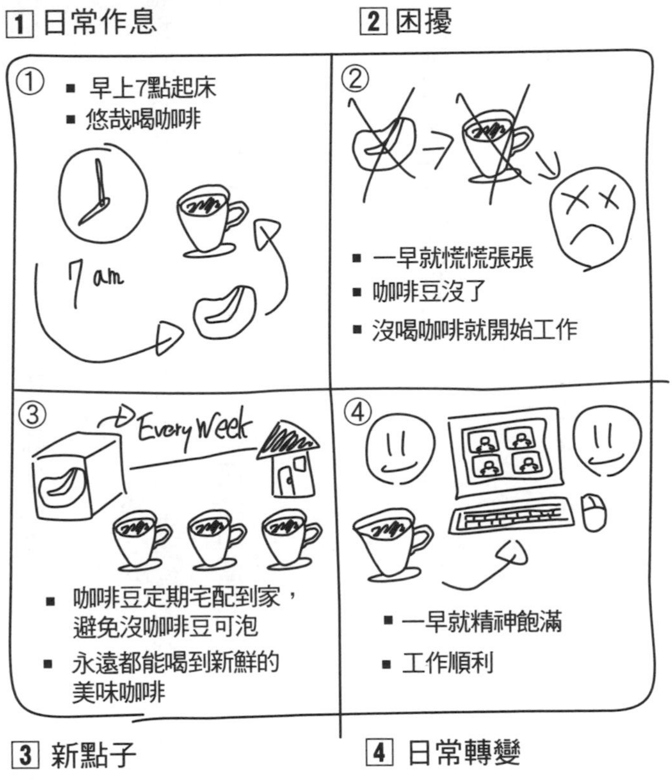

這個例子是針對每天都要喝咖啡的人，說明每週宅配新鮮咖啡豆的服務。先向聽取簡報的人，以圖像說明他們的日常生活和困擾。然後，再描繪出該服務的想法和這個想法會如何改變他們的日常生活。

使用邏輯筆記的第一步，就是活用預先設定好的架構來整理點子和想法。

然後，看著整理好的結果，決定「哪些內容特別重要」、「哪個部分尤其不重要」。

再根據最後選擇的點子和想法，決定接下來要採取哪些具體行動。

像這樣使用邏輯筆記，就能有效率地進行「整理」→「評估」→「行動」這一連串的過程。

拉升共感能力的簡報筆記

最後是簡報筆記。點子和想法經過點子筆記和邏輯筆記變得具體之後，用第三者的角度整理一遍，寫出令人印象深刻，產生共感的故事。

這個例子是針對每天都要喝咖啡的人，說明每週宅配新鮮咖啡豆的服務。先向聽取簡報的人，以圖像說明他們的日常生活和困擾。然後，再描繪出該服務的想法和這個想法會如何改變他們的日常生活。

這個筆記法能讓你清楚將自己的點子分享出去。因為故事式的溝通能觸及聽眾的情感，使別人記住你的話。由於簡報筆記是以訴諸人們情感的普遍性架構為基礎，因此任何狀況都適用。

除了有助於自己向別人進行說明之外，角色對調時也能使用，例如，你在公司外面聽到很棒的簡報內容，若以簡報筆記的方式做筆記，以後只要看到筆記，當時的記憶就會非常鮮明。

SECTION 4

依用途區分筆記，大腦就會切會思考模式

如上所述，其實筆記方式很多種，不同的筆記法適用不同的的場合，且都能發揮很好的成效。然而，並沒有「一招打天下」的方法。最重要的不是固定使用一種筆記方式，而是按照你期待的成果，彈性地改變筆記方式。

例如，打造迪士尼王國的華特迪士尼（Walt Disney），製作電影時都會區分使用「三個房間」。

第一個房間用來激發點子。在這個房間裡採取不批評的開放態度，所以人有什麼想法都能提出來。

中間的房間則是用來思考前一個房間所想出來的點子，是否具備可實現性。

以迪士尼來講，會在這個房間提出「這個想法真的能實現嗎？」、「怎麼實現？」等問題。

在最後的房間裡，則是站在批判的角度，從在中間房間裡整理出來的點子，挑出具有事業發展性的點子。

迪士尼所執行的「在不同房間採取不同思考模式」的做法相當重要。而即使無法像迪士尼一樣準備三間房間，也能在筆記本上簡單實踐這個做法。具體的做法就是第一

Fig.6　筆記法的3階段

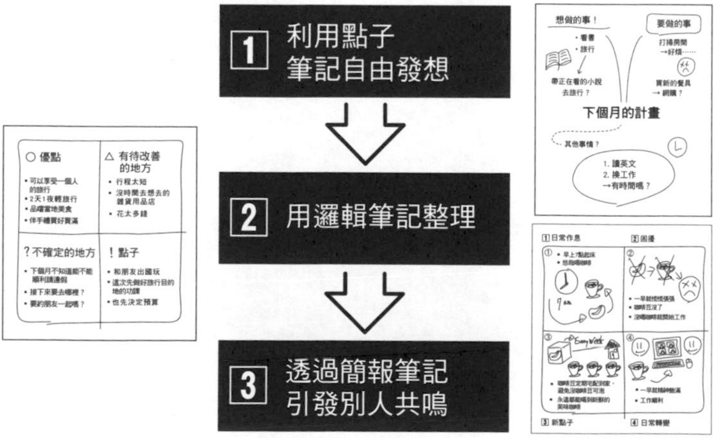

頁利用點子筆記激發思考，第二頁用邏輯思考進行整理，第三頁用簡報筆記展開故事性的敘述。像這樣區分空間，不要同時進行發想和思考整理，是很重要的關鍵。

SECTION 5

讓你超速產出的工具及其使用方式

為了讓擁有任何工作經驗的人和各行各業的人都能提升筆記技能，本書將介紹如何讓辦公室中常見的「便條紙」、「筆記」及「白板」等工具發揮更大的效用。執行本書內容，不須再準備其他的工具或功課。

尤其本章節介紹的，是各種筆記法都通用的基本技巧。

◡ 便條紙

▼ 基本使用方式

這裡所說的便條紙，是指背面有膠、可重複使用，比筆記更小的紙張。

筆記就像一本書。有些人或許需要一點決心才能丟掉寫得滿滿的筆記。即使沒寫什麼重要的東西，只要對筆記有感情，就很難因為不需要了就冷酷地丟掉。當然，這或許是因為「保存」是筆記的功能之一，因此某種程度來講，自然會有這種感覺。

然而，便條紙這個工具的主要目的不是「保存」，所以使用起來比筆記更隨意。

至於最重要的使用方式，則有幾個重點。

Fig.7　筆記法的3種神器

	名稱	用途	組合	適用狀況
	便條紙	進行隨興的挑選	與筆記並用	個人、團體
	筆記	1）創意發想 2）整理 3）傳達	與便條紙並用	個人
	白板	1）創意發想 2）整理 3）傳達	與便條紙並用	團體

首先，一張便條紙只寫一個主題。因為之後如果要替換點子或覺得不需要的時候，就能立刻抽掉。如果在一張便條紙上寫好幾的不同的點子，就很難移動位置或整理。便條紙的優點是馬上就能貼上和撕下，一張便條紙限定一個點子和主題，才能把這個優勢發揮到極致。

如果是文字，一張限定在十五個字左右就好。因為寫太長就要花比較久的時間理解內容。精細的作業留到後面再做即可，一開始越簡潔越好。

並且，除了文字之外，添加簡單的插圖，也比只有文字更能活化大腦。這麼一來，不僅更容易產生新的創意，也比較能想起寫下來的這些點子。

以上是便條紙的基本使用方式。接下來要介紹的是適合與筆記本搭配的便條紙，以及各種便條紙使用方式，讓你在工作上做出具體的成果。

▼3M「狠黏系列」便條紙值得入手

3M的便利貼是史丹佛大學d.school課程中使用最頻繁的文具之一。用的也不是特殊便條紙，而是一般文具店都買得到的系列。

便利貼尺寸和顏色眾多。以進行創意思考來講，我最推薦的是「狠黏系列」商品。

便利貼的特色是可以重複黏貼。但是，便宜的商品黏性較差，用過一、二次之後，就會失去黏性。如此一來，我們就會因為一些不必要的事情心煩，例如必須在新的便利貼上寫上同樣的內容，或者猶豫要不要撕下貼到其他地方。

狠黏系列的便利貼，黏性比一般便利貼強二倍（※相較3M的其他產品），因此可以避免在分享或整理想法的途中分心

▼「50mm×50mm」、「75 mm×75 mm」兩種尺寸適合個人用途，手邊一定要有

以適合貼在筆記本中的便利貼來講，我推薦 50 mm×50 mm 的尺寸。一般筆記本的大小大概是 A 4 或 B 5。最適合這個大小的便利貼是 50 mm×50 mm。適合用來思考、整理點子，或者只想把整理好的結果寫在筆記本上時使用。

可以在辦公桌上準備三種顏色的 75 mm×75 mm 便利貼。想到一點東西須要筆記時，雖然打開電腦軟體不是不行，但從速度上來講，便利貼還是比較快。

▼適合白板的則是「75 mm×75 mm」和「75 mm×127 mm」

以搭配白板使用來講，請準備「75 mm×75 mm」和「75 mm×127 mm」的尺寸。第一個理由是確保字體夠大。小張的便利貼字看起來吃力，但這兩種尺寸

在團體討論時，視覺上的大小剛剛好。

第二個理由是方便攜帶。這兩種尺寸可以抄寫一定的資訊量，而且單手也好拿。具體而言，可以一手拿便利貼，一手拿筆站在白板前。

能做這個動作，就可以想到什麼就寫下，並貼到白板上。

而且，史丹佛大學的研究結果發現，在房間裡到處走動比坐著更能產生創意。這就像是在說，邊散步邊開會效果更好。與其坐著開會，我倒建議站著把想法列出來。不過，分析和檢討點子的時候，還是坐著比較適合，因此請依照情況選擇站或坐吧！

▼每個尺寸都準備三種顏色

3M的商品顏色都相當鮮艷。例如，粉綠色、黃色、粉藍色、粉紅、橘色、紫色等等。方便的話，可以準備三種顏色。

我也建議可以決定好個顏色的用途。

例如，以我來講，我喜歡站在「過去」、「現在」、「未來」的角度去整理思考，因此我會用藍色、粉綠色及黃色來做區分。

如果我在訂定旅行計畫，藍色代表「（去過）的地方」、粉綠色代表「（現在也）特別印象深刻的地方」，黃色則是「（未來）想去的地方」。

如果是訂定工作企劃，藍色代表「（流行過）的商品」、粉綠色代表「（現在）當紅的商品」、黃色代表「（未來）有機會流行的商品」。

也可以多準備一種顏色，變四種。重點是鮮艷的顏色更容易提供視覺上的刺激，並且根據特定的架構，頻繁整理想法。

將便利貼貼在白板進行團體討論時，由於顏色不同，所以使用起來很方便。依照意見種類或發言者區分顏色，也能提高整理的效率。

另外，雖然有些便利貼有橫格線，但如果想自由激發創意，最好還是選擇空白的。這是因為我們不只會在便利貼上寫字。插畫或圖像並用，才能拓展思考的廣度。

筆

▼基本使用方式

雖然每個人喜歡用的筆都不一樣，但如果除了一般筆記本之外，也會用便條紙和模造紙的話，我比較推薦簽字筆而非原子筆。很多廠商都有推出各種尺寸的筆，而我推薦的是水性麥克筆。因為麥克筆不會染色、無臭且便宜。

水性麥克筆寫完之後，不會因為手碰到字髒掉。由於也不會透紙，所以就不必擔心寫在便條紙或模造紙上，「會不會有問題」。假設就算真的透紙，也因為是水性的，所以稍微用濕毛巾擦掉就好。如果是油性麥克筆，不小心沾到桌子或筆記本的話，就比較難清除。

而且，油性筆通常味道會比較重。無臭的水性麥克筆則沒有這個問題。

最後是價格考量，高級鋼筆或原子筆用壞後，要花一筆錢買新的，補充墨水也麻煩，而且費用也頗高。另外，價格合理的筆，即使從桌上掉下去也不會壞，使用壽命較長。最好把筆當作消耗品。

▼ PROCKEY 水性雙頭麥克筆

我推薦的品牌是 PROCKEY。他們家的筆在便利貼上寫起來很順。尤其是 PROCKEY PM-120T 和 PM-150TR（較粗）。PM-150TR 有一定的粗度，寫起來字體也適中，很適合與團隊分享想法的時候使用。拿起來很貼手，筆尖也很穩固。買的時候請到文具店等實體店確認實際的尺寸，然後選擇拿起來順手的。寫起來順手，點子也會泉湧而出。

㈠筆記本

這裡要具體介紹四個最好可以記住的原則。

①只用黑筆

基本上只用黑筆也無所謂。點子停不下來的時候，一換筆的顏色，就會破壞原本的順暢感。與其五顏六色，不如保持簡單。

②講求正確不如追求速度

「激發點子」的過程中，沒有任何想法是錯的。因為隨著資訊量變多，思考的過程會越來越順暢，所以不必太在意自己在寫什麼。不必使用橡皮擦等修正工具。如果新想法與寫下來的點子稍微不同，就寫在同一頁或下一頁。

另外，寫錯字的時候，或許會很想塗掉重寫，但最重要的是速度感，因此還是不要用修正液。寫錯的時候，畫兩條直線標示錯誤或者重寫在其他空白處即可。容我再提醒一次，正確性並沒有特別重要，最關鍵的是把想到的東西以最直接的文字或插圖表現出來。寫錯也不用著急，重寫在下一頁就好，一直寫就對了。

③字跡不必工整，也不需要橫線

雖然有橫線和方格紋很方便，但在思考的初始階段，不要太在意這些規線。

最重要的是如何將想法直接描繪出來。把一頁用到淋漓盡致，不夠寫的話，繼續往下一頁寫。比整齊工整更重要的是，筆記上的資訊量是否夠多。

④善用插圖

除了文字之外，也可以使用顏文字或插圖，增加「2D」的視覺變化。

因為這樣可以令自己和別人更容易記住，以立體的方式呈現你的想法。

以顏文字來講，就算隨意畫一下，也因為帶有表情，所以可以簡單且迅速地表達狀況。

Fig.8　不會畫圖也沒差，有簡單的表情就好

只要改變嘴型，就能簡單表達當時的心情。例如，從左到右可依序看出開心、有點不開心、不開心及驚訝的情緒。

▼筆記本的形狀和品牌都不重要

你或許會感到意外，但我並沒有特別推薦的筆記本。筆記本的尺寸不拘，只要方便攜帶或個人喜歡就好。選用自己喜歡的大小，盡情地寫。

只要改變嘴型，就能簡單表達當時的心情。例如，從左到右可依序看出開心、有點不開心、不開心及驚訝的情緒。

當然，經常參考報章雜誌等印刷物的人，用Ａ４／Ａ３的尺寸比較方便把印刷物夾在筆記本中。提供我的經驗供你參考，為了夾入Ａ４的印刷物，我基本上習慣用Ａ４的筆記本。

白板、模造紙、可再貼自黏大海報

基本使用方式

白板和模造紙用在對的場合，都能發揮不錯的效果。白板可以立刻擦掉重寫，可說是激發點子神器。

而模造紙雖然比較難立刻擦掉寫上去的東西，但由於可以完整保存，所以如果好幾天都要思考一樣的事情，就很適合用模造紙。例如，假設今天要在不同的會議室討論，把模造紙帶到新會議室就能開始討論。

3M的「可再貼自黏大海報」是次世代模造紙

我最推薦的方法，是把模造紙貼在白板上。

而不用膠帶就能貼在白板上，功能跟模造紙一樣且方便使用的，就是3M的可再貼自黏大海報。

該商品就像是有黏膠的模造紙，跟便利貼一樣可以反覆黏貼，自由運用。

這個商品在日本不太好買，不過請務必到網路上或文具店找找。可再貼自黏大海報或許是不常見的工具，但可以有效提升團體會議的效率。

在多種可再貼自黏大海報中，我特別推薦「563R」型號，這是桌上型商品，簡單組裝就能架在桌上。

可再貼自黏大海報最基本且有效的使用方式，就是用來書寫會議議程。開會前準備好，貼在與會成員都看得到的地方，也有助於維持會議水準。具體而言，請以夠大的字體把以下的資訊寫入一張可再貼自黏大海報中。

1 會議目的
2 時間
3 與會者
4 具體議題

另外，如果公司會議室等地方的牆壁有足夠空間，我也建議可以貼上「多用途白板貼（型號：DEF）」。

空間不夠放白板的話，可以用該產品取代，非常方便。

把牆壁變成白板，就能得到一本「團隊共享的大筆記本」。

SECTION 6

了解右腦和左腦的特質

∪人類的二種基礎思考：創意性思考和分析性思考

本章最後要談到的是科學知識，這些知識是本書的概念根基。儘管我介紹本書筆記法的時候，盡量避免高談闊論，以務實的技巧為核心，但若能同時理解人類的大腦機制，就能發揮更強大的效果。有興趣的人請一定要看完這一章節。

地頭力是人們的基礎智識能力，我寫這本書的時候，將地頭力分為「創意性思考」和「分析性思考」，而每個人都擁有這二種思考。

Fig.9　創造的思考力

創意性思考	分析性思考
右腦	左腦
激發各種靈感	評估各種想法後，擇一執行
擴展可能性	選擇務實的方法
直覺性	理性派
擴散	收斂
迅速，甚至是沒有意識到的狀態下進行	有意識地審慎思考
主觀	客觀
天生、小時候就具備的能力	後天，後天養成
適合搭配視覺訊息	適合搭配語言訊息
有效果	有效率
低再現性，高新奇性	低新奇性，高再現性
藝術、設計、哲學	物理、工程、程式設計
能掌握全貌	關注細節
彙整	分解

像這樣將思維分成二種的方式，在心理學領域中稱為「雙重歷程模式（dual process model）」，諾貝爾得獎者丹尼爾・康納曼（Daniel Kahneman）二〇一一年出版的暢銷書，也是以該思維區分方式為出發點。

「創意性思考」和「分析性思考」用一般的表達方式來講的話，等於分別對應「右腦」與「左腦」。

左右腦的區分，源自於某位研究人員將研究重點放在大腦的個別功能上，後來逐漸普及。多數人的觀念是，右腦負責創意，左腦掌控邏輯。並且，也有右腦型、左腦型這樣的說法。

如許多人所知，腦分為左右兩側，例如，開心的時候右腦會產生反應，不高興的時候左腦會產生反應等，左右腦活化的程度依狀況和對象改變。

右腦與左腦的三個運作差異

雖然實際上左右腦必須分工合作，但比較左右腦的運作後，還是可以發現某種程度上的差異。

1 右腦掌握整體，左腦聚焦局部

右腦善於掌握整體脈絡，了解整個狀況。而左腦的強項則是從脈絡中找出具體事件。例如，如果有兩個人在吵架，右腦會注意「為什麼兩個人會吵起來」。左腦則是會注意細節，試圖分析「正在和我吵架的他，說的話有幾分是正確的」。

2 左腦是直線型，右腦是同時並行

左腦的思考方向是順時針的，從過去到未來呈一直線。基本上無法倒退，就像說話一樣，無法把說出口的話收回來。另外，右腦則善於同時思考二件以上的事，也可以在時間中跳來跳去。

3 左腦處理語言，右腦處理視覺

左腦有威尼克氏區（Wernicke's area）和布洛卡氏區（Broca's area）這二個大腦區塊。這些區塊的功能分別是語言的表達和理解。

負責處理語言的主要是左腦。而右腦則善於透過視覺掌握訊息。右腦傾向於看著圖，從視覺去理解一件事。

❹右腦優勢作業．左腦優勢作業

▼右腦優勢作業：共感、統合、直覺

右腦的優勢作業包括，同理對方的感受、分析整體後，找出重要的共通點等。以及，儘管比較不拘泥細節，但右腦的強項是運用直覺，透過五感去掌握全部的狀況。

▼左腦優勢作業

而左腦的優勢作業包括，分類並且分析已發生的事情和當下的事物。左腦會站在批判的角度，分析事情優缺點，或者不帶情緒，根據邏輯和事實進行判斷。

ⓤ左右腦有各自的特性，但這些並非全部

為了活化整體大腦，本書將創意性思考歸在「右腦」，將分析性思考歸在「左腦」以利大家理解和想像。

看到我這樣分類，有些人可能會開始想「我是右（左）腦型的人，所以另外一種思考我不會」，但某研究針對一千人進行實驗後，發現並沒有任何人僅單邊的腦比較發達。也就是說，人人都能好好使用兩邊的腦。仔細想想就會知道本應如此，在日常生活中，無論左右腦我們都會用到。

我們只能勉強說「雖然兩種思維都能進行，但我比較在行右腦型的作業（左腦型作業）」。

儘管有些現象是左腦或右腦特有的，但其實比較兩者時，大概也只是右腦比左腦強一．一倍這樣的差別而已。實際上，左右腦彼此刺激並發揮功能，才是大

腦的運作方式。目前並沒有任何只訓練右腦或左腦的科學方法。

史丹佛式超強筆記法的重點在於不會偏向使用右腦或左腦，而是平衡地靈活運用左右腦。因此，工作時可以有意識地切換左右腦模式。了解左右腦擅長的作業和功能，依照事情的狀況和背景，自由自在發揮高績效。

總結

- 地頭力由「發想力」、「邏輯思考能力」及「共感能力」等三種能力構成。
- 史丹佛大學在課堂上使用紙筆的學習活動，有助於人們在創意發想的過程中更有彈性，就像小孩子一樣。
- 理性分析想出來的點子，彙整問題點並排列優先順序，擬定行動計畫。
- 若能運用故事的力量，報告就能引發他人共鳴，產生說服力。

- 透過「點子筆記」、「邏輯筆記」、「簡報筆記」就能提高這三種能力。
- 本書的筆記法「不只」會教你如何使用筆記本。也會活用便利貼、白板及可再貼自黏大海報。屬於知識生產的全新方法。

第1章 使右腦點子源源不絕的「點子筆記」

CHAPTER 1

IDEA NOTE
FOR FLEXIBLE THINKING
IN YOUR RIGHT BRAIN

Overview

本章要介紹解放右腦，讓你不停止思考，點子源源不斷的方法。這個方法簡單到連任何 5 歲小孩都能執行。

執行這個方法時，最重要的就是不要思考、不要回顧過去、不要在意以後。通常在職場上為了看到工作成果，都必須「審慎思考」、「檢討過去」、「預測未來」，但請跳脫這些常識。

發揮大腦潛能的第一步不是思考，而是刻意製造混沌狀態。

SECTION 1

讓發想力大爆發的四種筆記法

⓿ 基本習作：提升地頭力的「一分鐘迅速習作」

本書介紹的所有方法，執行後都可以立刻感受到效果，但由於大家至今為止慣用的筆記法不一樣，因此或許有些人一開始會覺得困惑。

因此，我準備了一個一分鐘的練習作為提升地頭力的暖身活動。

通常寫筆記的時候，都會「想好再動筆」，但在本書的筆記法中，「先動筆再動腦」才是重點。

請準備好白紙（影印紙或筆記本）和筆。

Fig.10 提升地頭力的「1 分鐘迅速習作」

A. 寫下你想做的事／希望實現的夢想

- 在不用考量錢、時間及人際關係的狀態下，做什麼能令你開心，想到什麼就寫什麼。
- 不必擔心現實世界。
- 由於不必告訴任何人，所以請寫下你最真實的渴望。

B. 寫出你在意的事情

- 你現在的心情（喜怒哀樂），感覺到什麼就寫什麼。
- 正能量或負能量都可以寫。
- 由於不必告訴任何人，所以請寫下你最真實的感受。

筆記重點

- 不要太拘泥形式，你可以用條列式或順著筆記本的橫線寫。
- 相較於書寫形式，最重要的是動筆，想到什麼就寫下來。

我準備了A和B兩個題目。請選一題寫。由於是暖身運動，所以選擇哪一題都可以。

如果你難以下決定，請用今天的心情來選擇。如果你想「挑戰新事物」就選A，如果「今天想悠哉悠哉地過」就選B。

當然，也可以不必管今天的心情，選你想寫的那一題就好，甚至兩題都寫也可以。

▼A 寫下你想做的事／希望實現的夢想

如果完全不必考慮錢、時間及朋友，你想做什麼事？用一分鐘寫下來。或者，寫下如果阿拉丁神燈可以實現你的夢想，你會許什麼願望？

你或許會覺得自己想到的事「不切實際」、或「真的實現的確會很開心，但現在不太可能做到」。

沒關係，把這些判斷通通拋到腦後。重點不在做不做得到，而是完成之後，你會不會開心。寫下腦中浮現的想法就對了。

這個練習只是暖身而已。並不必給別人看。即使你覺得「寫這種東西會被笑」或者「被別人知道很丟臉」，也請順著自己的想法寫出來。

請坦白寫出自己的慾望和情感。

▼B 寫出你在意的事情

用一分鐘寫下你現在感受到的喜怒哀樂等情緒。例如，假設這週你過得很忙，覺得終於可以休假的話，那就寫「這週好忙，哇，終於可以好好休息了，真開心」之類的。

正面或負面情緒都可以。

有些時候，我們或許不喜歡紀錄負面的心情。例如，心情低落或比平常鬱悶的時候。

遇到這種狀況，就直接描述當下的狀態，例如「今天有點累，無精打采的」。不要說謊騙自己。你現在處於正面情緒就寫下來，負面情緒也是，兩種情緒都有，那就兩種都寫下來。

這是暖身練習。不必給別人看。即使你覺得「有點太負面」或「不想被別人知道自己的心情」，也請誠實寫下。請坦白寫出自己的感覺。

先以一分鐘為標準，完成這兩個練習。

我要再提醒一次，重點在於不要多想，想到什麼就寫下來。

如果什麼都想不到，就寫「太突然了，我沒什麼想法。一分鐘好像有點久」，直接寫想不出來要寫什麼就好。

這個練習最重要的不是寫下來的東西正不正確，而是將你的想法和心情變成文字，寫在紙上。

如果一分鐘後仍有很多想法浮現，那就寫到你高興為止。

完成之後再去檢討內容。只要能透過這個練習，做到「寫下當下的想法」、「誠實寫下自己的心情」、「先動筆」，就算是大豐收。

那麼，平常雖然很少有機會鍛鍊發想力，但我想你已經透過這一分鐘的活動，了解怎麼做和什麼心態可以刺激發想力，接下來我要介紹真正能鍛鍊發想力的工具和活動。

實踐習作：Google 式高速腦力激盪法「Crazy8s」

這個方法可以在維持速度感的狀態下，想到好點子。在高速下，用八分鐘寫出八個點子。

第一次執行時，自然會想要寫完整，但無論完不完整，只要超過一分鐘就停止目前在寫的點子，開始寫下一個。不必寫得很完美或很精細。以「速度」為最優先，腦袋就能從原本陷入苦思、膠著的狀態變得靈活。

▼步驟

1 準備一張A4的白紙和筆。或者打開筆記本。

2 長邊對折二次，短邊對折一次，壓出八個格子（筆記本的話，則是用線畫出八格）。

3 計時器設定一分鐘，開始計時後，以「塗鴉」的方式在第一格寫下一個點子。

4 響鈴之後，即使還沒寫完，也要移到第二格，計時器重新設定一分鐘。

5 重複步驟4，直到八個格子全滿，八分鐘寫出八個點子。

實踐習作：擴大發想範圍的「十倍與十分之一思考」

這個思考法會強制我們改變平常的觀點，以產生新的想法和創意。請試著用極大和極小的規模，思考你正在想的東西。

例如，假設你想改善顧客的結帳體驗。

如果要把排隊和結帳時間從現在的三分鐘變成十秒，要改變

Fig.11　Google式高速腦力激盪法「Crazy8s」

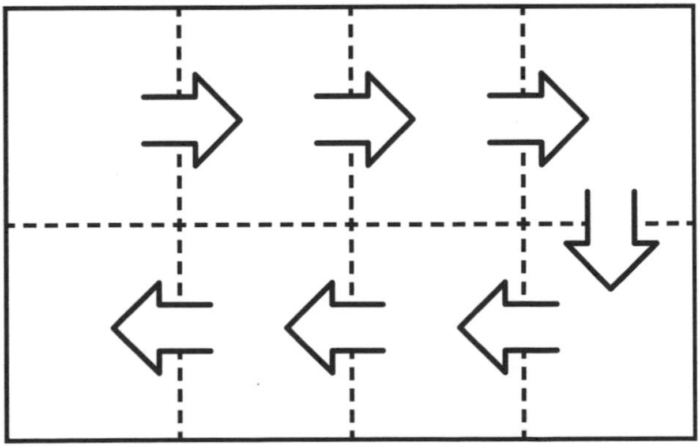

把紙折成8等份。用1分鐘內在每一格中簡單畫出你的想法，時間到就移到下一格。

哪個程序？

或者，假設顧客平均購買的重量從1kg變成20kg，那會發生什麼事？也請思考顧客的行為會出現什麼變化。

抑或，如果店裡販售的商品，尺寸變大二、三倍的話，什麼時候店裡會開始放不下這些商品？

另外，若執行一個計畫需要一百萬日圓，那只有一萬日圓的話，可以做些什麼？反之，若如果你有一億日圓而不是一百萬日圓，那你會怎麼使用比預期中多出來的這九千九百萬日圓？

像這樣，這個思考架構的目的，就是要讓透過設定極大或極小的前提，使我們重新發現過去忽略的地方，並且產生新的想法。

實踐習作：獲得新觀點的「機會探索文」

想改變現狀的時候，該做的不是一股腦地解決問題，而是對現狀提出質問，激發出有用的行動計畫。想知道該朝哪個方向行動時，這個方法能讓你做出更有效的選擇或從新的切入點去思考。

步驟

1 針對想解決的問題，想到什麼就寫下來。

2 反覆閱讀寫下來的事情，挑選一個你最關心的部分。

3 聚焦該問題，寫出包含①主詞和②動詞的疑問句。「該怎麼做才能讓A（可以是自己或別人）做到B（動詞）？」。

4 寫幾段文，選出你最想知道知道答案的疑問句。

SECTION 2

刺激右腦的「點子筆記」訣竅

前面介紹了四個實踐習作。每一種都是先設定好思考架構後，再針對某個主題激發出大量的想法。

這些方法和在日本學校教的筆記方法明顯不同吧。

就像我在序章中說過的，本書介紹的筆記法，目的不在紀錄或吸收而是讓我們主動思考。

因此，寫筆記的訣竅也與一般的筆記法不一樣。

尤其「點子筆記」的最大原則，就是「不必寫太工整，隨興發揮」。

脫離原本的主題也無妨

一開始我們都會先設定主題，再開始動筆。寫著寫著，思緒偶爾也會飄到其他事情上吧。這種時候，我建議可以把出現在腦海中的事情全部寫下來。

當然，這樣會使得我們越來越偏離主題。不過，不用擔心。

由於右腦原本就處於「混沌」的世界，所以原本就沒有「正確的秩序」。

當你覺得自己偏離主題的時候，搞不好是發現了更重要的事情。

例如，你正在想簡報內容的時候，腦中突然閃過自己想買的東西。遇到這種情形，也請在筆記本或便條紙上寫下「想要買○○」。

當然，寫下這些突然浮現的事情，並不會讓你立刻得到想要的東西或者寫完簡報資料。

儘管如此，與其故意忽視腦中的想法或佔據心頭的事情，不如花四～五分鐘把它們寫下來，反而能持續專注並且思考。

理性地檢討程序上的對錯，是整理和分析思考或資料的重要步驟，應該在結束思考或收集完資料後再做。也就是說，一開始要做的是思考點子而非整理。

⊍ 列出來的點子，重「量」不重「質」

用右腦發時，最重要的不是作為內容的「質」，而是寫下多少「量」。重視「量」就代表無論內容有沒有意義都無所謂。

例如，如果你思考的主題是「用獎金去哪裡旅行」，就不要管是否真的能成行，也不要擔心預算和行程，只要寫出你喜歡的地方和國名就好。

在這個過程中，什麼都可以寫。以上述例子來講，能寫出多少個觀光地最重要。

如果像前面講的偏離主題，從思考想去的觀光地變成都在想要買什麼伴手禮的話，也沒關係。因為畢竟最後追求的是「量」。

寫出多個觀光地和有興趣的伴手禮之後，再去思考「真的要出發或真的要買的話，要選哪一個」等「質」方面的問題。所以說，請優先追求「量」。

字潦草到別人看不懂也沒差

寫的內容越來越隨興之後，很有可能天馬行空想到很多東西，以至於動筆的速度感不上動腦的速度。有些人的字跡甚至會潦草到別人看不懂。或者寫出奇怪的文法或錯字。

但是，就算寫出不好意思讓別人看到的東西也完全不必擔心。因為這些筆記本來就不必給別人看（當然，你希望的話，還是能讓別人看）。

想要把筆記寫得漂亮的心態，本身多少是因為在意他人的看法。在這個過程中，請把別人的看法拋諸腦後，專心且隨心所欲寫下你的任何想法。

善用速寫

右腦通常用視覺來理解事物，而左腦則傾向於透過語言來掌握故事。看見一顆蘋果，右腦會知道那是「蘋果」。但是，如果是閱讀到「蘋果」兩個字或聽到「蘋果」這個詞，光靠右腦無法知道這到底是什麼。

只用文字寫筆記和會在筆記中加入插圖的人，之後的工作速度也不一樣。因為同時使用圖像和文字，會讓右腦和左腦更好理解內容，大腦受到刺激後，也能加速理解。同樣的方法不只做寫筆記的人，也對聽取說明的人有效。

為筆記加入塗鴉和速寫吧，簡單的插圖就可以。

SECTION 3

加快發想速度也能強化行動力

以失敗為前提的「雛形」思考法

便利貼是日本人很熟悉的文具。但我想大多人只用來寫日常備忘錄，或者貼在書或文件上。

就像我在序章講過的，我在史丹佛大學進行一～二小時的腦力激盪後，就能用掉四疊約二百張的便利貼。

我在日本舉辦相同的企業工作坊時，經常看到很多人不自覺地認為用掉這麼多便利貼「很浪費」，因而產生抗拒。

如果你也是這種人，那請你有意識地進行「便利貼用完就丟練習」，來消除這樣的抗拒感。不必一開始就在紙上寫下完美的點子。

我希望你這麼做，是因為學會使用便利貼，也能培養日本人在職場上缺乏的重要敏銳度，也就是「雛型設計」的能力。

我在這裡把以低成本將點子具體化後的產物稱為「雛形」。雛型是將失敗風險降到最低，且讓我們能有效一步步修正方向的工具。

Fig.12　「雛形的重要性」

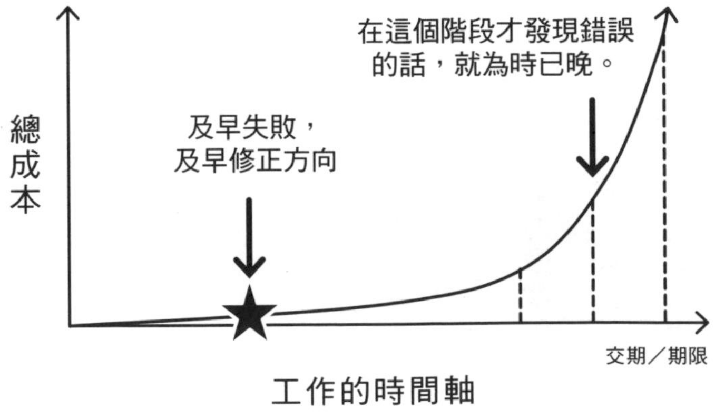

日本人常陷入的思考陷阱，就是「只要多花點時間深入思考，就能想出更棒的點子？」，因此不斷反覆討論和檢討。

我們面對工作的時候，一開始都會認為「應該先設定好重要的目標再著手投入」。這樣的看法有助於提高生產力。然而，創造力來必須在漫無目的的狀態下行動才能產生。儘管如此，草率地召集公司成員執行新計畫，一旦失敗後果不堪設想，因此這麼做是不切實際的。

然而，在筆記本上寫下創意，無論結果如何，都只是花自己一點時間而已，不會造成什麼嚴重的問題。所以說，慢慢培養創造性工作所需的「在不明確的狀態下採取行動」非常重要。因此，從筆記開始做起，不僅風險相當低，而且很有用。將點子轉變成看得見或碰得到的形式，就能確認這個想法是否具有價值。

在這個過程中很重要的心態是「設計雛形，及早失敗並從中學習」。

什麼是協和式客機失敗？

以失敗為前提將點子具體化之所以重要，是因為如果一開始就耗費時間和心力，想努力製作出完美的東西，一旦過程中發現錯誤，就無法挽回。

這種現象稱為「協和式客機失敗」。

協和式客機失敗的名稱，源自於法國與英國共同研發的超音速客機「協和式客機」（Concorde）在商業飛行上的失敗。儘管研發公司和相關人員早就預測協和式客機投入商業營運將會失敗，但礙於心理問題，仍難以終止研發。

讓我們舉一個更貼近生活的例子。你正在電影院看新上的電影，才播十分鐘，你就知道「不是你喜歡的電影，劇情有點無聊」。這種時候，你會怎麼做？

或許合理的作法是，與其再花一小時看完不喜歡的電影，不如中途離場去做其他事。

但是，實際上大部分的人，看到自己已經投入的金錢和時間時，儘管認為「繼續做下去也沒意義」，卻停不下來。以電影來講，很多人會想「都花錢買票了，還是看完吧」。這樣的思維等同於「協和式客機失敗」。

基本上，投入的金錢和時間越多，我們越難以直接承認失敗，重新來過。大多時候，大腦知道「這樣的投資沒意義」，但由於沉澱成本太高，所以會不自覺地正當化自己的行為。

沉沒成本（Sunk Cost）是經濟學的用語。沉沒在英語中是「埋沒」的意思，而已經付出且無法回收的投資就叫做沉沒成本。以前面的電影票來講，由於你已經知道電影票不能退款，因此無論你繼續看下去或立刻離席，錢都拿不回來。這類成本就叫做沉沒成本。

因此，站在合理的立場來講，沉沒成本與未來的行動和決策之間並沒有關係。然而，實際上，我們也很清楚太大的沉沒成本導致我們無法做出合理的判斷。

重點是，並不是鍛鍊意志力和耐力，就可以避免協和式客機失敗的發生。所以，一開始就不要耗費「以後回想起來，會令自己無法冷靜承認失敗的大量時間與金錢」就變得非常重要。

不僅工作，其實寫筆記也適用這個原則。尤其運用本章介紹的創造性筆記法時，如果一開始就力求完美的話，最後就會演變成「都寫得這麼仔細了，還是把這個構思留著吧。雖然不是什麼好構想」的狀況。

也就是說，我們會開始珍惜自己的努力。我在史丹佛大學也學到「太眷戀於特定想法，事情就會卡住」。為了避免這樣的窘境，就要製造讓自己能把不好的點子和筆記內容說丟就丟的狀態。

SECTION 4

貫徹「勞動興奮」與「心流狀態」

勞動讓大腦動起來

「起初興致勃勃地擬定各種計畫，最後意興闌珊，導致工作完全沒進展」，你有過這樣的經驗嗎？無論是再熱愛的工作或能活用自身能力的工作環境，絕對還是會碰到棘手的作業和沒興趣的工作。

即使你祈求或想像大腦「打起精神來！」的樣子，它也不會如你所願。不過，大腦的特性是，實際上只要身體開始動起來，腦就會活化。

這個特性稱為「勞動興奮」，是大腦伏隔核受到刺激所產生的現象。據說身體動起來五～十分鐘後，伏隔核的開關就會啟動。

所以說，與其針對工作上的議題想東想西，不如先動筆寫起來，寫什麼都可以，即使沒什麼幹勁也讓身體先動起來，就腦的構造來講，這才是合理的做法。

另外，我在本章也說過，要活化右腦，寫筆記的時候就不能在意內容對錯，而是從自身的喜惡等感受開始寫起。這麼做也是為了讓大腦進入「勞動興奮」的狀態。

把刺激伏隔核當作第一目標，你可以寫下「晚餐想吃的東西」、「周末想做的事」等與工作沒有直接關係的事情，先讓大腦開機就對了。

一旦你開始動筆，筆記本上就會出現一些文字和插圖，右腦會從視覺上去判斷這些內容，然後產生更多的想法，如此一來便能進入良性循環。

如何進入無敵的思考模式「心流狀態」

想像創造性狀態時，有一個觀點叫做「心流」。這是由美國知名心理學家米哈里・齊克森米哈里（Mihaly Csikszentmihalyi）提出的心理學狀態。

心流狀態指的是「全神貫注」。在執行創造性工作的過程中，一旦進入心流狀態，就會感覺不到時間的流逝，或者渾然忘我地完全投入某一件事情。如果你感覺到「太有趣了，還有很多東西想寫下來」的話，那就是進入心流狀態的徵兆。

反之，如果開始覺得無聊、想快點結束的話，就停筆吧。這不是工作，而是跟五歲小孩畫圖一樣。不必因為莫名的義務感而持續下去。厭煩了就休息，想動筆的時候再繼續就好。雖然很多五歲小孩對事情都有一定的忍耐力，但他們不會覺得「畫圖是義務，所以要努力畫下去」。「好無聊，不想畫了」是孩子的自然反應。尤其若從培養創造力的立場來看，這麼做更沒有錯。請尊重你內心那個五歲孩子的感受。

例如，誠實記錄自己的感受。今天不太想寫什麼，就把這樣的感受化為文字。也就是說，想到什麼就寫什麼。最重要的是「不編輯」。遇到詞窮或不斷想到同一句話的時候，就如實寫下來。好比想到什麼，就在一秒內反射性地動筆寫下來。

想像你是世界上最厲害的畫家，不拘泥於顏色或形狀，天馬行空地塗鴉。

〇不預測正確答案

NASA的研究指出，所有孩童都具有相當的創造力，但隨著進入小學、國高中、大學及社會，就會越來越缺乏創意。

具體而言，他們針對創意程度進行長期量測後，結果顯示一千六百名四歲和五歲孩童當中，有九八％的人得分皆相當於「具有創造力的天才」。接著，同一組孩童五年後，也就是九、十歲之際再接受相同的測驗。

然而，分數相當於天才水準的人，只剩下三〇％。

NASA繼續實驗。五年後，也就是讓已經十四、十五歲的孩童再次接受測驗，最後創意程度媲美天才的人僅有一二％。

看到這裡，我想你也猜得到成人之後創意水準會是什麼程度。實際上，該研究也讓成年後的同一群孩童接受了相同的測驗。僅有二％的人，分數達天才水準。

這個結果並不是在告訴我們能力會隨著年齡衰退，而是人們習慣用沒創意的方式做事。

我們可以從這個研究結果推測出，我們的創意很可能是被目前的教育制度和社會體制扼殺了。在這些體制下，我們無法自由表達自己的意見，而是被要求在特定的規範下約束自己的行為和發言。也就是說，當前的問題是，環境限制了我們的自由發想（當然，既有的教育制度和社會體制並非一〇〇％不好）。

我們可以從各種角度解釋該測驗結果，但我在這裡要強調的是，「每個人小時候都很有創意」的事實。

換句話說，我們天生都是有創意的。

既然如此，我們只是忘了如何發揮創意，只要重新想起來就好了。

請再度喚醒心中那個五歲的小孩。刺激並且重新找到沉睡中的創造力，就能做到。

總結

- 不在意他人眼光，開始寫就對了。

- 不追求完美，最重要的是能否立刻動筆。
- 沒有正確對錯，只有「盡情表達」。
- 下一個步驟再思考寫下來的內容有什麼意義。
- 保有以失敗為前提「設計雛型」的心態，紀錄自己的想法。
- 隨興書寫，就能激發出跳脫日常限制的嶄新想法。

第2章 用左腦整理邏輯思考的「邏輯思考筆記」

CHAPTER 2

LOGICAL NOTE TO IMPROVE THE ANALYTICAL POWER OF YOUR LEFT BRAIN

Overview

本章要介紹與第 1 章的發想力一樣重要的邏輯能力。

發揮發想力之後，一定要做的就是將點子「分類」。

我們會用很簡單的雙軸矩陣，整理寫下來的資訊、情緒及想法。

從瘋狂的腦力激盪跳到另一個模式，用冷靜的角度深入分析筆記內容。

SECTION 1

大幅提升邏輯思考能力的三個筆記法

基本習作：建立邏輯思考的基礎「2×2矩陣」

2×2矩陣可以幫助我們分析蒐集到的資料，以獲得新見解。並且，當你想與別人分享自己的點子和想法時，這個矩陣也是很方便的工具，可以讓你簡單地以圖像方式呈現事情的關聯。

在白紙上畫一個十字線，使畫面分割成2×2＝4的區塊。然後，在橫向的X軸和縱向的Y軸上，設定不同的標準。在各軸兩邊設定相反的要素。

Fig.13　2×2矩陣

① 先在筆記本上畫一條直線，劃分成2個區塊。把你的想法個別寫在左右邊的區塊中，然後想一想其中是否有什麼區分的標準。（例如，A「拿手的事」，B「不拿手的事」。

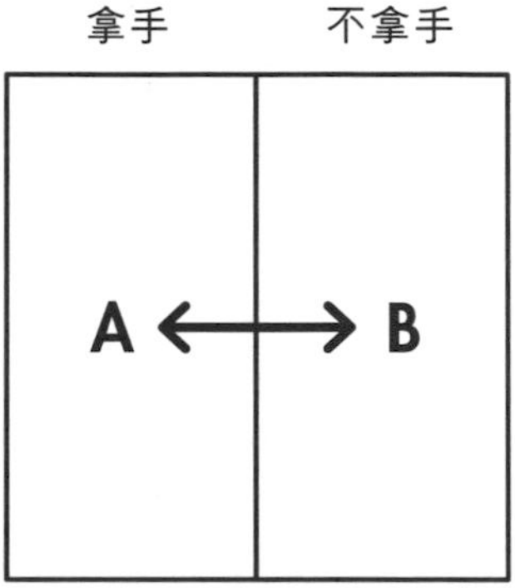

② 接著在筆記本上畫一條橫線，劃分成4個區塊。用完全不同於①的標準，區分上下區塊。（例如，上面是「工作」，下面是「私生活」）。

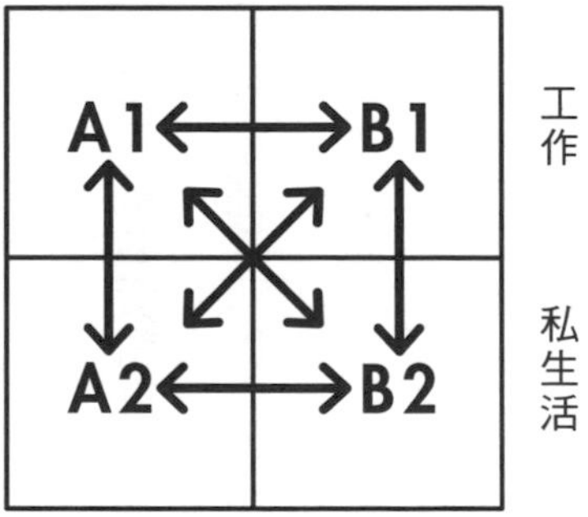

③ 實際將你的想法分類。

筆記重點

- 分類之後，哪個區塊寫進去的想法比較少？為什麼？請思考理由。
- 多試各種標準，直到找出有意義的分類方式。

例如，假設你為了進行自我分析，列出了「自己的技能」。整理點子的時候，先按步驟一的方法，在左側A列出「拿手的事」，右側B列出「不拿手的事」。

下一步驟是將上方歸為「工作」區，下方為「私生活」區。這樣就能得到四個區塊，分別為左上A1的「工作上拿手的事」、左下A2「私生活中拿手的事」、右上B1「工作上不拿手的事」以及右下B2「私生活中不拿手的事」。

像這樣設定好兩軸的標準後，就能將手邊的資訊寫入矩陣中。無論是粗略的構思、透過調查得到的事實或你正在想的事情都可以寫進去。矩陣可以運用在各方面，例如比較產品、整理顧客屬性等等。

另外，這四個區塊中，一定有資訊比較集中和比較空的區塊吧。為什麼某個區塊的資訊比較少？雖然資訊少不是壞事，但資訊分類好之後，檢視完成的矩陣並且思考非常重要。

請試著組合各種標準，直到發現有意義的事情為止。有時候矩陣本身就具有價值，但大多時候思考矩陣的組成或者與他人討論之後得到的見解和新發現，才更有價值。

例如，你想找出公司的優勢，因此你將競爭對手的產品和服務放入矩陣中，就能思考優勢和弱勢在哪裡。若矩陣中出現空白的區塊，也可能代表新市場的存在。

接下來是練習將事情分成四塊來思考，因此我要介紹理解他人的工具，以及用批判性思考分析事情，並擬定下一步行動計劃的工具。我要介紹的這兩個架構非常實用，因此即使你現在覺得用不到，也務必要花五分鐘看完並且試著做看看。

實踐習作：拿筆寫就能解決問題的「SDTF矩陣」

▼步驟

1 在左上寫Say、左下寫Do、右上寫Think、右下寫Feel。

2 在左上Say的部分寫你說過的話，左下Do的部分寫上你做過的事。

3 檢視你分類好的事實，自由在右邊的Think和Feel的部分

Fig.14　SDTF矩陣

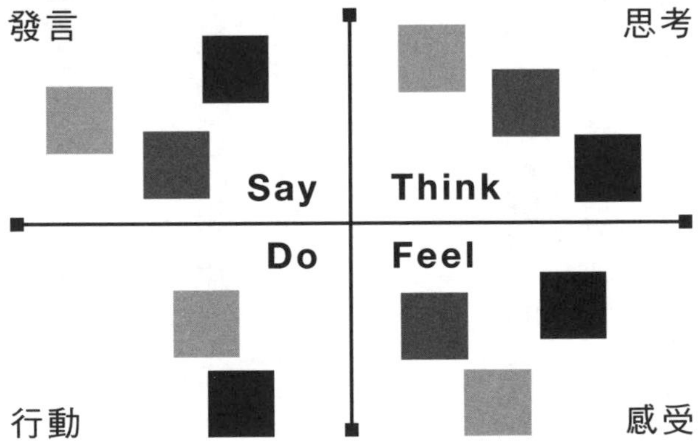

寫下「想說的話」和「可以做的事」。

4 再度檢視左邊的事實和右邊的預測資訊，用○把特別關心的事情圈起來。

5 比較圈起來的資訊，寫出矛盾的地方和新的見解。

這個工具也稱作同理心地圖，透過書寫特定人物的發言、行為、感受及思考，有助於我們深入了解他的狀況。

例如，如果你想進一步了解顧客、想製作出更有價值的產品和服務，或者想知道同事在工作中最重視什麼的時候，這個工具都能發揮效用。

透過該矩陣深入了解對方，不僅能讓平常的溝通變順暢，也能避免因第一印象或聽到某些話或看到一些行為，就主觀認定對方是什麼樣的人。

▼基礎製作

在大張紙或白板上畫線，將畫面分成四個區塊。在各區塊寫上你目前握有的資訊。搭配便利貼使用更方便。

- **發言（Say）**：你在意對方說的哪些話？
- **行動（Do）**：你注意到對方的哪些行為和態度？
- **思考（Think）**：對方在想什麼？他的想法是否讓你了解他的價值觀？
- **感受（Feel）**：對方有什麼感受？

※我們無法透過直接觀察，了解別人的價值觀、思考及感受。利用各種線索才能做推測。

▼需求明確化

如果你還有餘力，整理好四個象限後，也可以思考對方平常想要的東西，也就是「需求」。

「需求」是人在身心方面需要的東西。要特別注意的是，需求應該用動詞（對方能使用，能滿足行動和慾望的東西）來描述，而不是名詞（解決方法）。你可以從列出來的特徵直接判斷對方的需求，或者從發言和行為之間的矛盾去推測。了解之後，在同理心地圖的角落寫下對方的需求。

▼洞見明確化

接下來的步驟更進階，請將分析過程中發現的事情文字化。把焦點放在對方「發言／行為／思考／感受」的矛盾上。

不妨比較一個同理心地圖中的矛盾、二位使用者的二份同理心地圖之間的矛盾，或者想一想對方「為什麼？」會出現奇怪的行為，這麼做有助於你進行分析。

這個方法稱為洞察或洞見，是讓我們用不同於過去的角度去理解他人的工具。洞見是從新的觀點去看事情，能讓我們在面對設計議題時，產生不同的點子。

請在同理心地圖的側邊寫出潛在的洞見。找出洞見的方法之一，就是瞄準他人的急迫感和矛盾點。

實踐習作：拿筆寫就能讓你立刻動起來的「○△？！矩陣」

接下來要介紹的工具，是用四種記號分類點子和行為，這個架構非常便於用來思考下一步的行動。

○△？！矩陣是透過四種觀點彙整旁人的意見，有助於我們迅速整理出重要的部分並著手改善。例如，想了解別人對簡報的感想，或與員工和顧客討論特定主題時，都能使用這個矩陣。

▼步驟

1 將白紙或白板分成四個區塊。

2 左上寫優點（○）、右上寫問題點（△）、左下寫不確定和疑問點（？），右下寫想法（！）。

3 有任何想法就直接寫在矩陣中。正面的事情寫在○區塊、

Fig.15　○△？！矩陣

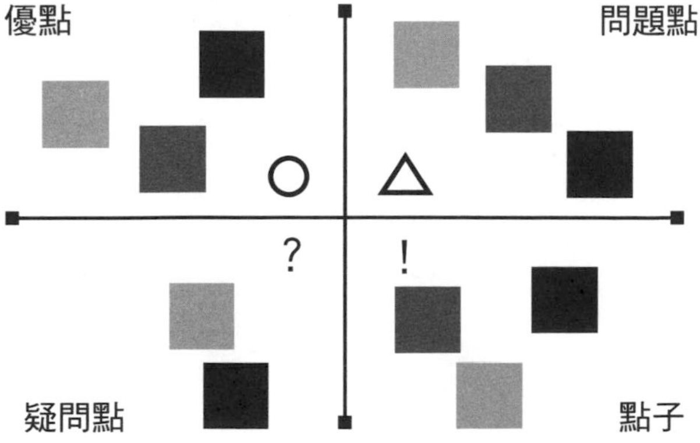

有建設性的批評放入△、模稜兩可和不明確的事情寫入？，靈光乍現的點子則寫在！中。

畫兩條線將筆記本頁面分成四個區塊後，在左上標示○、右上標示△、左下標示？，右下標示！。

- ○：有用或有可能產生效用的部分和優點
- △：障礙或有可能產生障礙的部分和問題點
- ？：細節不清楚的部分、疑問點、不清楚的地方
- ！：檢視眼前筆記而出現的新想法

例如，假設你希望自己的工作方法更具有創意和生產力。在左上方○的區塊，

就可以寫下「目前做得不錯的地方」、「你拿手的工作」、「你自己覺得普通，但經常受到稱讚或做得比別人好的部分」等。

接著，在右上的△區塊中，列出與○相反，也就是你不擅長或做得比較差的領域。包括「目前做得不太順利的部分」、「過去曾失敗過的工作」等。請多列出你「想改善」的地方。

然後換到左下的?區塊。在這個區塊中，列出你在寫○和△時，覺得有疑問的部分，或者你想問自己的事。例如，假設比較○和△後，你發現前部門的工作比現在的工作更適合自己。這種時候，就直接寫「我可能比較適合待在前部門？」或者，如果你對目前的工作方式有疑問，也可以把情況大概寫下，例如「部門的人說要做○○，但其實做△△會讓顧客更開心吧？」。另外，你不需要回答自己提出的疑問和問題。如果有答案，也只要大略寫下來就好。

最後是！的區塊。檢視○、△、?的部分，不要考量現實，把所有「你想嘗試的事情」寫在這個區塊中。例如，「希望能在工作中多多發揮自己的強項」。抑或，「雖然還沒到部門轉調的時期，但我下週想找主管討論，希望能換到更適合自己的職務」。

填完所有區塊後，其實也不用去想正確答案。把想到的東西寫下來，進行分析、思考新的行動，反覆發散和收斂思考才是重點。

SECTION 2

刺激左腦的筆記訣竅

將右腦隨意寫下來的東西，在紙上分為「事實」和「意見」

前面介紹的筆記法，都是用二個軸將畫面分為四個區域的矩陣。

雖然矩陣是很簡單的架構，但正因如此所以自由度高，不同的劃分方式都能直接形成產出且帶來成果。

話雖如此，但如果只學個別的具體筆記法，例如「思考行銷策略用這個方式劃分區塊」、「思考目標管理的方法用這個方式劃分區塊」的話，也只是徒勞，反而會限制思考的範圍。

因此，無論是面對任何主題，本書都建議用「事實」和「意見」來劃分矩陣區塊，替資訊分類。

例如，請翻到前面第一一二頁的「SDTF矩陣」。左半邊的Say（發言）和Do（行動）屬於「事實」。右半邊的Think（思考）和Feel（感受）則屬於「意見」。

事實是指「可以驗證正確與否的事情」。所以，只有對跟錯兩種判斷標準，可以考察是非對錯。例如，「日本有四十七個都道府縣」這句話就是在陳述事實。

而意見由於存在著無數的選項，所以無法驗證意見是對或錯。例如，「日本有『很多』都道府縣」這句話就是在陳述意見。日本都道府縣是多或少，每個人的看法不一。沒有人可以決定這句話本身的對錯。

進行第1章的右腦發想活動時，除了事實之外，也會寫出很多意見。

當然，在發想的過程中，這樣是對的。完全不用做區別。

然而，一旦進入本章的左腦整理階段，就得恢復冷靜的思考。

藉由區分事實和意見，偶爾會發現事實中夾雜著意見。其中藏有的訊息，可能會使你的思考比別人更縝密。

刻意清楚區分「事實」與「意見」的理由

區分事實和意見看似是非常基本的工作，但只憑自己動腦思考，也可能混淆兩者。

如果無法區分事實和意見，將導致思考流於過度簡化，把非事實當作事實看待的情形。

例如，假設你的屬下在重要的會議上遲到二次。

「這個部屬經常遲到。之後應該又會遲到了。」

這是事實嗎？

冷靜想想，事實是「遲到二次」的部分。

由於不知道下次是否真的還會遲到，所以「之後應該又會遲到」這句話只是意見罷了。

這樣聽來很天經地義吧。不過看到別人遲到，我們會忍不住發火。然後，脾氣一來，就無法冷靜判斷。這樣會導致我們不自覺地將「他一定是個不守時的人，所以才會遲到二次」的「意見」當作「事實」。

相同道理，職場上也常發生以下的狀況。

因為有「這個商品五年來的銷量是這樣」的事實，所以把「今年的銷量應該也差不多」當作事實。

因為有「這個商品一年賣得比一年差」，所以把「這個商品已經過時」當作事實。

基於過度預測和悲觀預期所實施的策略，實際上也經常導致重大損失。以片面角度看待事情或太過主觀的人，由於把非事實的部分誤解為「肯定」的事實，因此難以因應周遭環境和狀態的改變。

除了史丹佛大學當地的學生和教授之外，我也和創投企業的投資人、設計新原型的設計師等各種人有過交流。

他們之間的共通點是討論時，可以分清楚哪些是事實，哪些是自己的想法和意見。

再往下將「意見」區分為二種

我們在SDTF矩陣的右邊寫上了「意見」。

而右邊的「意見」，可以再分為「想法（Think）」和「感受（Feel）」二種。

再將意見細分為想法和感受兩種的原因，在於這兩者有明確的差異。

「想法」是有邏輯且合理的，別人聽到時候，都能有一定的理解。想法是有憑有據的。想法就是根據人人都認定的事實進行合理的推測。

「感受」是情感和情緒性的產物，並非人人都認同你的感覺。無論有沒有根據，感受是指一個人「覺得怎麼樣」的狀態。

想法和感受沒有優劣之分，單純是兩者有所差異。

▼不須分得太細

一般理想的分類目標是「無遺漏、不重複」。將所有的東西歸類好之後，再思考優先順序和策略。

然而，實際上有時候很難一絲不漏地把東西整理好。

例如，計畫和幾個朋友開車出遊時，就不可能毫無遺漏地把所有景點都列出來吧？或許可以達到某個程度的完整度，但這是相當難的作業。

若使用左腦的目的是為了讓自己更有創意，那只要分類到「某種程度」即可。如果「你不清楚該用什麼標準分類或不知道怎麼分析」的話，只要大略整理一下就好。

例如，假設完整度是一百分，那先整理到七十左右就可以了。

SECTION 3

獲得深入見解的分析手法：歸納、演繹、溯因

在這章節，我要介紹用左腦進行分類、整理的幾個重要方法。或許有點複雜，但一旦上手，就能大幅促進職場上的溝通和決策能力。

具體而言有下列三種方法。

1 基於已知事實推演出結論的「演繹推理」。

2 以觀察到的事例為依據歸結出原則的「歸納推理」。

3 基於假說整理已知事實的「溯因推理」。

1 演繹推理

演繹推理是指根據有一定正確度的前提進行思考的方法。

最簡單的結構是分為三層的三段論法。

先有一個前提作為條件。

然後是第二個前提條件。

最後則是導出結論。也就是推論。

例如，演繹推理的流程可以是「所有人都會死」、「我是人」，「所以我也會死」。現在沒有長生不死的方法，而從定義上來講我是人沒有錯，因此最後的結論也是正確的。

然而，若前提是錯的，即使結構看起來「正確」，結論也會是錯的。

2 歸納推理

演繹推理是根據正確的假設，也就是前提進行思考的方法，而歸納推理則相反。

歸納法是以觀察到的多種現象和事例為依據，找出這些現象的共通點、原則或規則。

例如，假設你針對一千名公司客戶進行意見調查。獲得最高票的選項是「因為員工服務態度好，所以選擇敝公司的產品」。

將調查結果廣泛化後，歸納出「本公司優勢是優質的服務態度」的原則，即是歸納推理。

3 溯因推理

接著，如果上個例子的意見調查不是一千名顧客，而是只有二十名顧客回覆問卷的話，又會變成什麼狀況？由於人數太少，無法掌握任何資訊，所以只能放棄探究嗎？

在這種情況下，可以運用「溯因推理」。

一般而言，職場上多數使用的是演繹法和歸納法，但溯因推理是另一種分析法，與這兩種推理法稍微有些不同。

即使觀察到的事例很少，從各種可能性中找出最有說服力的解釋，即為溯因推理。雖然有點類似剛剛介紹過的歸納法，但資料不完整的時候，溯因法就能派上用場。一般來講，醫生會從可觀察到的症狀替患者進行診斷，法官也是由手邊的資料來量刑，這些情況中都會用到溯因法。

讓我來舉一個例子，讓你更了解溯因法。

你回到家，看到桌上的花瓶倒了，水灑了滿地。你有養貓，以前也發生過類似的事情。

所以，為什麼花瓶倒了？

當然，你會覺得是「貓推倒的」，但其實無法確定真的是這樣。也有可能是「家裡遭小偷，小偷弄倒的」。

只要沒有監視器拍到花瓶被弄倒的畫面，就不能斷定是「貓咪推倒的」。不過，仔細想一想，可能性最大的就是貓咪推倒花瓶。因此，溯因法就是「雖然可觀察到的資訊和證據很少」，「但列出所有可能原因後」，「找出可能性最高的假設」。

讓我們用前面的顧客意見調查來思考看看。如果「只調查到二十名顧客的意見」、「不過，所有客人都覺得公司的服務很好」，那麼就能成立「公司的強項或許就是顧客服務」的假設。像這樣，從少量資訊中成立「假設」的方法即為溯因法。

應用習作：在具體與抽象之間轉換

「『為什麼—如何做』階梯：Why / How Laddering」

這個活動可以幫助我們挖掘分析對象的各種需求。請利用這個方法，找出有意義且能滿足的顧客需求。通常，問「為什麼」可以導出抽象的答案，問「如何做」可以獲得具體的答案。大多抽象的答案雖然意義非凡，但通常難以實踐。具體的答案則相反。

▼步驟

1 請先試想對方可能有哪些需求。列在紙的最下方。

2 選一個需求開始問「為什麼」，一層一層開始爬階梯。例如，你的顧客「想了解產品與產品製造過程之間的關聯性」。因此我們從「為什麼顧客想了解這件事？」開始上階梯。

這樣就會發現顧客的需求其實是「了解材料，確定對健康無害」。

3 接著再對我們掌握到的顧客需求提出「為什麼」，開始上階梯。爬上某個階段後，就會得到「希望更健康」等相當一般且抽象的需求。這就是樓梯的最高點。

4 接下來則開始問「如何做」，逐步下階梯。透過爬

Fig.16 「為什麼—如何做」階梯

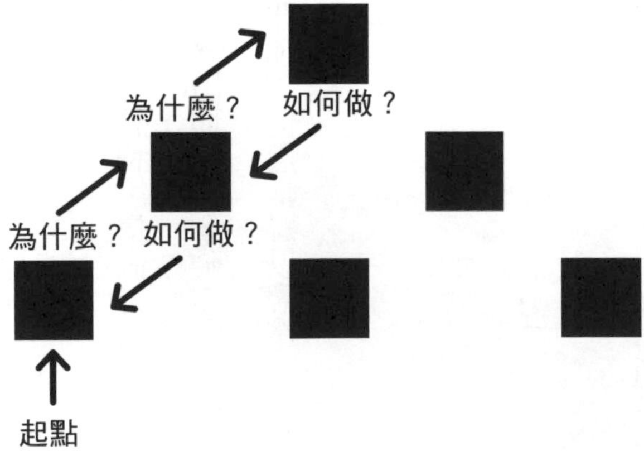

樓梯，就能想出解決各種需求的方法。

❻ 應用習作：從少量資訊建立假設的「AIUEO分析」

這個活動可以幫助我們找出有解決價值的重要問題或者工作上的瓶頸。AIUEO分別指的是活動（Activity）、交流互動（Interaction）、使用者屬性

Fig.17　AIUEO分析

A 活動	I 交流互動	U 使用者屬性	E 環境	O 物品
參加公司內部會議	共同協力	與會人數為8人	難以整合所有人的意見，壓力很大	白板和簡報資料

（User）、環境（Environment）以及物品（Object）。

▼步驟

1 活動（Activity）：寫下你曾做過的事、這件事是例行公事還是臨時性的工作、你做得很開心還是很辛苦等等。

2 交流互動（Interaction）：在這個活動中有哪些交流與互動？互動的對象可以是人或自動販賣機之類的機器。這些互動是是計畫好的還是偶發的？或者，也可以寫下互動的程序是事先規劃好的還是自由發揮。

3 使用者屬性（User）：在場除了當事人之外，還有哪些相關人士。這些人對活動帶來正面或負面影響？如果活動中沒有其他人，這樣是好還是壞？

4 環境（Environment）：描述活動和周遭環境的狀況。是怎麼樣的地方、活動氣氛如何、你待在這個地方的時候，心情如何、有什麼想法等等，寫下環境對你的影響。

5 物品（Object）：是否有使用任何物品或裝置（iPad／桌子／腳踏車）？

使用這些東西對於當事者的心情和思考有什麼影響？

總結

- 運用左腦的時候，最重要的就是「分類」。
- 如果不知道採取哪種分析方法，請先用矩陣將資訊歸類到四個區塊。
- 區分事實與意見，是左腦思考的基本做法。
- 透過演繹、歸納、溯因提出假設和具體策略。

第3章 引發對方左右腦共鳴的「簡報筆記」

CHAPTER 3

PRESENTATION NOTE
TO TURN IDEA
INTO ATTRACTIVE STORY

Overview

本章的主題，是介紹如何寫出吸引眾人的「共感故事」讓工作更順利。

我要介紹的是能夠同時讓對方理解且產生說服力的溝通理論和相關技巧。

利用訴諸感性的故事和訴諸理性的故事，能讓團隊和組織內部做到單槍匹馬達不到的豐碩成果。

SECTION 1

引人入勝的筆記法

實踐習作：「故事分鏡法」讓你呈現簡潔卻觸動人心的簡報

像電影故事的編劇一樣整理手上的調查結果和創意發想的結果，可以讓我們掌握從問題發現到問題解決的整體流程。

將四個要素（日常作息／困擾／新點子／日常變化）整理成具有說服力和連貫性的故事吸引目光。這個方法有助於我們讓簡報變得更引人入勝。

Fig.18 故事板

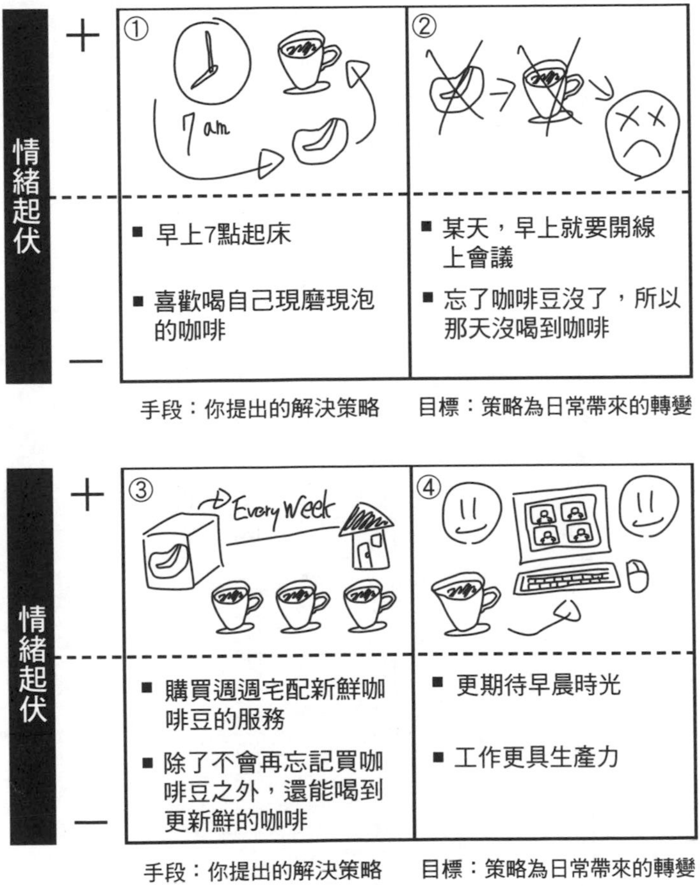
情緒起伏
＋
－
①
7 am
②
■ 早上7點起床
■ 喜歡喝自己現磨現泡的咖啡
■ 某天，早上就要開線上會議
■ 忘了咖啡豆沒了，所以那天沒喝到咖啡
手段：你提出的解決策略
目標：策略為日常帶來的轉變
情緒起伏
＋
－
③
Every Week
④
■ 購買週週宅配新鮮咖啡豆的服務
■ 除了不會再忘記買咖啡豆之外，還能喝到更新鮮的咖啡
■ 更期待早晨時光
■ 工作更具生產力
手段：你提出的解決策略
目標：策略為日常帶來的轉變

▼步驟

1 準備一張A4白紙和筆。

2 在最左邊用插畫和文字描述使用者的一般行為。

3 接著，用插畫和文字敘述使用者的問題、內心的衝突及煩惱等。

4 在旁邊用插畫和文字大略寫下你目前有的想法。

5 最後，用插畫和文字描述，若採用這個方法，對使用者的生活會帶來什麼好的影響。

給右腦的訊息和給左腦的訊息，主要差在表達方式。若只用語言輕輕地描述事實，大腦就只有二個主要部位會活化。而若加上視覺資訊，大腦就會有七個部位受到刺激。

因此最重要的就是運用「故事性」。在這個活動中，也請將紙分成四等分來構思故事。只要想像成四格漫畫就好了。不過，漫畫結局需要的是趣味性和驚喜，但職場上能獲得共鳴的故事，則須具備其他特徵。

讓我來更具體地介紹故事板的編寫方式。

▼ 1 一般日常

在第一格掌握簡報對象和相關

Fig.19　簡報的4個步驟

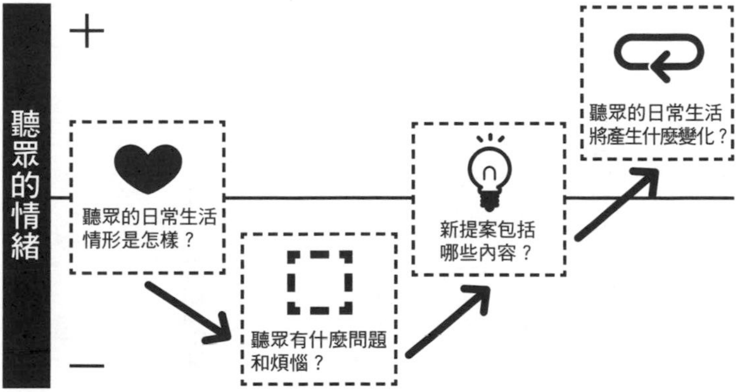

利害關係人的言行（發言／行為）。

一開始要明確描述的就是主角。

任何企劃一定都會有主要的相關人。主要關係人有可能是客人，或是公司內部人員。一開始就要清楚究竟誰是故事的主角。主角設定好之後，即可描述主角的日常言行，讓人了解主角的日常面貌。

2 問題和矛盾

在第二格客觀描述主角的立場和狀況，以及可能會陷入的情況。

接著，列出主角面臨的問題和煩惱。電影裡常出現主角突然捲入麻煩，而必須靠自己解決問題的劇情。人類是很奇妙的生物，不喜歡看一帆風順的故事。人們反而喜歡看陷入危險、煩惱中的主角如何脫身。電影《星際大戰》、《駭客任務》都是如此。

進行簡報的時候，最重要的也是明確掌握「誰在煩惱什麼事？」。雖然簡報的目的是針對問題提出解決方案，但是深入了解問題和煩惱，說明該方法能解決問題，才能產生更高的說服力。

3 新提案

在第三格敘述具體的題案，說明簡報的目的。

除了你想說的話之外，也要考量聽眾想了解哪些事（≒理解聽眾言行舉止和立場的內容）。

寫出主角有哪些煩惱後，就等於已經與聽眾共享了前提條件。在這樣的狀態下，再提出具體的方案，讓聽眾知道你的提案為什麼可以解決主角的問題。

4 日常轉變

在最後的第四格中，告訴聽眾執行方案的優點和可以帶來哪些好處，讓他們知道改變前和改變後的差別。

最後，很重要的一點是清楚地告訴聽眾，實施第三格的提案後，會對主角和相關人士帶來哪些好的轉變。很多人簡報時，通常只說到提案就結束，但實際上聽眾真正有興趣的，是採取你的提案之後，他們能獲得哪些具體的好處。

行銷學的教科書經常引用奧多・李維特（Theodore Levitt）教授的名言「人們想買的不是鑽孔機，而是牆上那個孔。」

意思是，上一個步驟提出來的方案都只是鑽孔機。買鑽孔機來鑽洞之後，會發生什麼事？你必須在簡報中連帶敘述主角和聽眾想做的事，例如，「可以把喜歡的畫掛在牆上」等等。提案內容不過是鑽孔機，最重要的是聽眾使用這個工具後，日常生活能煥然一新，請把這一點謹記在心。

另外，進行本章介紹的習作之前，你可以先試著把自己當成簡報的角色之一作為練習。

無論是真實的狀況或你虛構的都無所謂，因此你可以寫出自己的日常生活或煩惱，想一想哪些改變可以讓你的一天變得更美好。

或者，你也可以聽聽家人和好朋友的生活，用這次學習的故事架構去思考他們的問題。

這個方法相當簡單，請先用五分鐘來試試看。

SECTION 2 增進簡報能力的筆記訣竅

✓意識到從歷史研究倒出的「神話法則」

這裡介紹的故事板，其實是基於「神話法則」所創造出來的方法。

全球的故事中皆可看到古代故事的結構，而神話法則即是將這些架構理論化。神話法則是由學者喬瑟夫．坎伯（Joseph Campbell）在一九四九年彙整而來。根據他的說法，所有全球受歡迎的主流故事，都一定是照著以下的順序發展。

主角過著平凡的生活↓面臨困境↓必須得到某個東西才能解決問題↓煩惱的

主角決定展開冒險之旅↓在旅程中面臨各種難關↓最後克服逆境贏得勝利。

雖然每個國家和每個故事的細節內容不同，但以知名童話來講，日本的《桃太郎》、國外的《綠野仙蹤》等等，大致上的架構都一樣。

其實，好萊塢很重視根據神話法則編寫劇本，《星際大戰》、《蜘蛛人》、《駭客任務》、《魔戒》等全球熱賣的電影，都能用這個模式來解釋。

神話法則大致上可分為「啟程」、「通過儀式」、「返家」三個部分，並且細分為十七個階段來展開故事。

1 啟程

①有人勸說主角展開冒險之旅↓②主角拒絕↓③獲得神奇力量或神秘人物的幫助↓④出發前往異地↓⑤在異地陷入危機

▼2 通過儀式

⑥修練之旅↓⑦感受到母性↓⑧誘惑者出場↓⑨與父性統合↓⑩冒險之旅的最高潮↓⑪獲得好處或獎賞

▼3 返家

⑫拒絕回到過去的生活↓⑬被追殺並開始逃亡↓⑭獲得外部援助↓⑮異地與日常生活的界線↓⑯異地與日常生活的整合↓⑰展開新生活

濃縮這十七個要素的，就是本章開頭介紹的「1日常作息」、「2困擾」、「3新點子」、「4日常轉變」這四個步驟。

在神話中，結局通常是主角展開新生活。

同樣地，進行簡報的時候，也要有條理地讓聽眾和相關人員理解，他們可以開啟嶄新的有趣生活。

SECTION 3

讓人聽懂的簡報三要素

我在序章說過，左腦與右腦相輔相成。這一點在溝通上也非常重要。因為，儘管你可以採取只跟對方左腦對話或只跟右腦對話的溝通方式，但盡可能還是使用能刺激兩個半腦球的溝通方式比較好。

也就是說，如果你能在刺激聽者情感的溝通方式中，加入一點邏輯性，就能更令聽者印象深刻。

然而，實際上簡報光靠這兩點是不夠的。因為說話者本身是怎麼樣的人，也是決定成敗的關鍵。

因此，成功的簡報必須滿足下列三個條件。

1 左腦型的邏輯性「思維」
2 右腦型的感受性「情感」
3 說話者人格所產生的「信賴性」

下圖是根據古希臘哲學家亞里斯多德所說的「邏輯」（logos）、「情感」（pathos）及「人格」（ethos）所製作。我們當然要用左腦與右腦思考並進行簡報，但也必須讓聽者知道你是「值得信賴的人」。

Fig.20　讓簡報產生推力的3個必要條件簡報的4個步驟

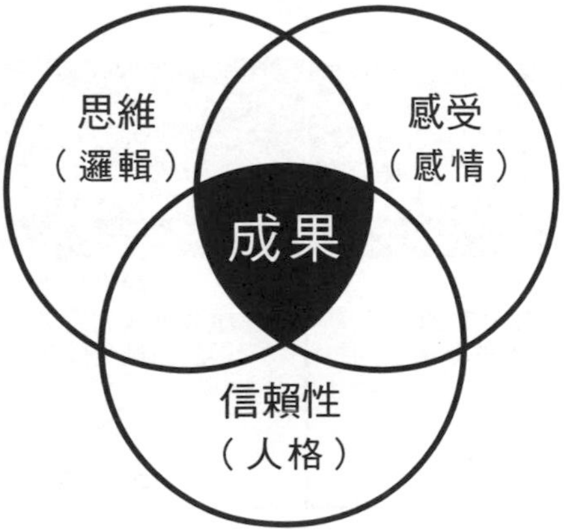

而贏得對方信賴的關鍵，就是「引發對方的共感」。

在這一章節，我要介紹如何提升「共感力」，讓你的簡報獲得信任。

共感思考法

有邏輯地轉達自己的想法固然重要，但表達清楚的簡報和不清楚的簡報之間，其實有一個很大的差別。這個差別就在於簡報能否引起他人共感，或者只是簡報者在自言自語。

Fig.21　同情與共感的差異

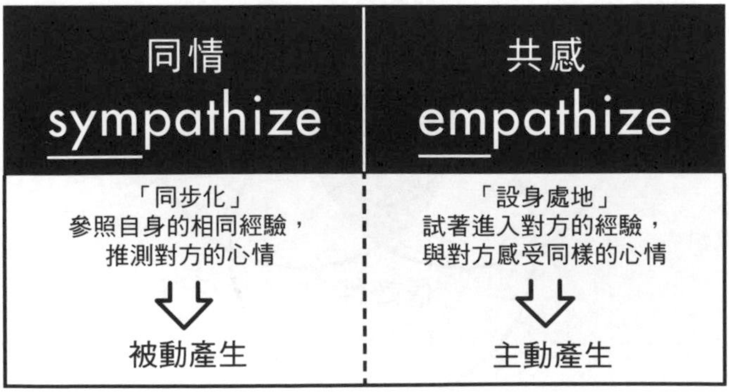
同情
sympathize
「同步化」
參照自身的相同經驗，
推測對方的心情
被動產生
共感
empathize
「設身處地」
試著進入對方的經驗，
與對方感受同樣的心情
主動產生

「引發他人共感」之所以重要，是因為這樣才能透過溝通觸及聽眾的深入需求。相較於讓聽眾覺得「講者說的話根本不能信」，當他們感覺「講者知道我要什麼」的時候，就更容易接受你的意見。

亞當・史密斯（Adam Smith）將共感定義為「想像自己處在同樣困境時的情感」。

這是指透過理解他人的煩惱，並陪伴他人度過煩惱衍生出來的不安和痛苦，產生真正的共感。

「共感」思維相當重要，因此為了加深你對共感的理解，我想要來比較幾個與共感類似的用語。

與共感類似的情感是「同情」。同情與共感的差別在於「主動性」。

以英文來講，同情是 sympathize、共感是 empathize。「-pathize」的意思是情感，個別單字字首的 sym 是指「同步」，em 則是「設身處地」。

例如，假設你朋友掉了錢包。若你也掉過錢包，就會知道「錢包掉了很麻煩。我最近也剛掉一個。有很多證件要處理，例如幫金融卡和信用卡辦停卡等等，非常麻煩」。

這種心情就是「同情」，也就是基於自己的經驗和想法，推測對方的心情。換句話說，就是「同化自己的經驗和對方的經驗」。

而共感則非根據自己的經驗，而是站在對方的立場理解他的痛苦。

就算你沒掉過錢包，是否也能感受到「他一定很懊惱。那個錢包好像是對他很重要的人送他的。真是很令人捨不得」，也就是「用對方的角度，同理他的經驗和狀況」。

「同情」是無法對自己沒發生過的事產生任何感受。只能被動地比較自己以往的經驗、狀況與對方的狀況。

而「共感」是主動思考對方的狀況和立場，想積極了解對方感受的態度。

與他人溝通時，不能片面把自己的經驗套用在對方身上，應該從理解對方的感受開始。也就是「是否能做到設身處地」。

為什麼共感很重要？

透過共感，我們可以理解對方如何看待事物以及對事物的感受。每個人的感受都不一樣，最有名的就是「半杯水」的例子，有些人看到杯子裡的水，會認為「還有」半杯水，有些人則會覺得「只剩下」半杯水。這沒有對錯問題，單純是每個人感受不同罷了。

若你跟認為「還有」半杯水的人說「如果水再多一點更好」，他們恐怕無法理解。

反之，若你對認為「只剩下」半杯水的人說「有這些水就夠喝了」，他們只會覺得「你在說什麼啊」。共感能力也能讓我們確認是否在不自覺中，強迫別人接受自己的感覺和想法。

共感之所以重要，是因為藉由理解對方的興趣和關心的事物，就能用對方比較好理解的方法進行溝通。

想要產生共感，須具備下列四項要素。包括二項外部要素和二項內部要素。

外部要素包括①發言和②行為。對方平時喜歡聊什？經常做什麼？透過觀察即可找出這些要素。

內部要素包括③心情（情感）和④思考（邏輯）。「他在什麼樣的心情下說出這些話？」、「什麼想法讓他做出那樣的行為？」，站在對方的立場體會看看。

有時會別人也會出現言行不一致或感受與想法產生衝突的狀況。展現人性，與別人這種不合邏輯的一面產生共感非常重要。

與他人溝通時，最重要的不是你的想法，而是了解對方平時有什麼興趣、煩惱、希望達到的理想狀態是怎麼樣等，理解他們目前狀況與期望差了多少。

當然，有人會說「哪有什麼理想……」。但是，身為人類的我們，多少還是會懷抱著如果現實「能變成這樣該有多好」的想法。與他人溝通時最重要的，就是站在對方的立場和角度，去理解對方所面臨的現實與理想的差距，並且告訴他你接下來要說的事，能夠如何幫他縮短現實與理想的距離。

以上是進行簡報時應有的心態。接下來我要介紹的是簡報應有的具體的要素。

溝通的成敗關鍵是什麼？

從大略來講，簡報算溝通的一部分。我想在這裡介紹溝通的基本理論，讓大家能了解大致上的溝通結構。

「想加強溝通能力」、「溝通不良」等，我們經常在日常生活中使用溝通這個字。

那麼，溝通的成功標準是什麼？什麼樣的狀態算溝通成功，什麼樣的狀態又算溝通失敗？

少了明確的成功標準，就不知道該加強哪項技能。簡報是溝通的一種，所以也是如此。我們必須先掌握溝通的規則。

這裡所說的「規則」類似運動比賽規則。

例如，你跟一群朋友在打棒球，假設你是打者，對你來講成功就是「如何得分」。而「得分」就是要想辦法上壘。

因此，你必須打到投者的球或者抓準時機盜壘。練習揮棒或跑步，有助於你得分。而最後如果不只是打到球，而是揮出全壘打的話，成果更是令人驚艷。

像這樣瞭掌握「規則」，就能知道「成敗之隔的目標（例如：打者的目標是得分）」。而這樣也能讓你清楚了解「為了邁向區分成敗的目標，須採取哪些具體行動（例如：打到球、跑到下一個壘包）」。這麼一來，你也會知道「為了提高該行為的準確率，平常要做哪些練習和提升哪些技能」（例如：練習揮棒、跑步等）。

溝通也是如此。掌握規則，就知道成敗之隔在哪裡，活得成功的必要行動有哪些，以及做哪些練習才能提高行動的品質。

接下來，我要開始說明溝通的規則。

講話要區分事實與情感

我發現 communication 的語源來自拉丁文的動詞「commūnicō：共享」。從這個語源來看，溝通的成功標準是「共享」。也就是說，若能把想共享的資訊傳達給對方知道就算成功的溝通，反之則失敗。

溝通最重要的就是「讓對方理解你說的話」。聽起來再合理不過，但因為太重要了，所以我在這裡提醒大家。這句話也可以套用在簡報的場合。因為簡報的目的是「讓對方理解你的想法」。

反過來講，就算內容很充實、投影片做得很精美、準時結束或被同事誇獎「簡報很優」，只要主管問你「所以昨天簡報的重點在哪裡？」，很遺憾地這份簡報就等於失敗。

溝通的目的是共享資訊。資訊大致上可分為二種。一種是與事實相關的資訊，另一種是與情感相關的資訊。

例如，「咖啡一杯五百日圓」是事實資訊，而若有人喝了這杯咖啡之後說「這杯咖啡比其他的好喝」，這則是情感資訊。

情感資訊是依據個人喜好判斷。沒有正確與否。簡報內容也必須像這樣將資訊分為二大類。

總結

- 故事的結構包括日常作息、困擾、新點子及日常變化等四要素，想一想各個要素應包含哪些事情，就能寫出簡報的「內容」。
- 簡報最重要的就是思考、感受、行動三個要素。
- 第一步是站在對方的立場理解他的理想狀態和現實狀況，想想怎麼做能縮短理想與現實的差距。
- 另外，簡報屬於溝通的一種，所有的溝通方式都有共通的規則。
- 溝通成敗的關鍵在於是否確實與他人共享資訊。
- 製作內容時，最有效的方法就是使用神話法則。神話法則的故事結構，可以使人不自覺地產生共鳴。

第4章 讓整個團隊變聰明的白板使用法

CHAPTER 4

BRAINSTORMING METHODS TO SHARE A VISION WITH YOUR TEAM

Overview

本章的核心是團隊工作必備的白板和和模造紙，我會教大家如何與團隊一起使用這些工具。

每間公司都有的白板和使用方式類似的模造紙，可以被視為「大尺寸的共享筆記本」，跟筆記本和便條紙一樣，我也會介紹各種活用方式和技巧，讓團隊的創意大爆發。

SECTION 1

提升團隊績效的四個筆記法

基本習作：腦力激盪

首先，設定一個時間，不要批評任何想法，而是盡量追求點子的數量。我推薦的方法是腦力激盪。腦力激盪是廣告公司創辦人亞歷克斯・奧斯本（Alex Osborn）創始人於一九三九年提出的方法，現在被廣泛運用於各領域的職場上。

步驟

1 準備一張大的白板（或模造紙）

2 每個人帶著便利貼和筆站到白板前面

3 把腦中浮現的所有想法寫在便利貼，邊講邊貼到白板上。

接下來要講解的是實際的進行方式。

進行腦力激盪時，速度感非常重要。如果氣氛沉默，每個人都坐在椅子上沉思的話，規則就很容易被打破。為了讓所有成員都能熱烈參與討論，腦力激盪的時間最久設定為六十分鐘。點子的數量，則是以六十分鐘想出一〇〇～一五〇個為目標。

首先，在現場進行發散思考，激發各種點子，才能將每個人的想法和經驗，轉變為具體的形式和看得見的資訊。這樣不僅能與設計團隊分享資訊，也能刺激所有人的思考。

請在便利貼上寫下有趣的發現，並貼在牆壁或白板的某一面。並且，再貼上相關產品或處於該狀況下的使用者照片（現場可取得的物品）。

或許一開始有些人會先觀望，所以並不會有很多點子被提出，但幾分鐘過後，氣氛就會熱絡起來，大家會開始拋出形形色色的點子。記住，只要有人提出想法，無論內容好不好，都要知道「他對增加點子數量這個團隊目標有所貢獻」而誇獎他「很棒！」。

腦力激盪結束後，就要將便利貼和照片分類以整理資訊，並找出最重要的主題和問題模式。

最終的目標是讓有意義的需求和洞見浮上檯面，並產生有用的見解來解決問題。

通常我們會用便利貼來進行資訊分類。團隊成員各自將自己觀察到的東西寫在便利貼上。而分類的行為也有助於我們找出產品、服務、物品及使用者之間的共通點。另外，第五十一頁詳細介紹了我推薦的便利貼和便利貼使用方法。

然後，我也建議可以從別人的想法衍生出其他的提議，就像「既然如此，那這麼做應該也不錯」。請積極溝通並且合作。

實踐習作：增進隊員團隊感和士氣的「I like, I wish, What if：優點．改善點．針對下次方案的意見」

工作時，與相關人員討論哪個部分做得好、哪個部分有待改善，有助於你順利執行接下來的工作。這個架構是以「～做得很好、如果能～的話，會更好、接下來如果可以這麼做～」的形式進行討論，讓彼此更容易互相交流、給予意見。

步驟

1 首先，請召集相關人員以利進行互相交流。將團隊全員都知道的專案或最近的工作設為會議主題。

2 分為「這部分做得不錯」、「這部分如果能這樣的話更好」以及「接下來最好可以這樣做」三個重點，扼要地說明該專案或工作。例如，「工作分配適當」、「專案進行時，如果能多共享進度會更好」、「接下來想要引進定期溝通的制度」。

可以一次討論這三個重點，也可以只專注在一個重點。請事先與團隊決定好要如何討論。

實踐習作：大家熱烈提供意見「『不錯喔！這樣的話～』型腦力激盪」

腦力激盪用得對，效果是很顯著的。不過，有些不是那麼外向的人，可能會覺得有點被排擠。「『不錯喔！這樣的話～』」型的腦力激盪法，則可以讓所有人都更有參與感。透過這個方法，團隊裡的每個人都能從其他成員的想法進行延伸，參與討論。

▼步驟

1 首先，把現實拋在腦後，在白板上寫下全新或者是與過去截然不同的想法（例如：「去火星員工旅遊」）。
2 怎麼做才能讓團隊實現該嶄新的點子，在便利貼寫下必要的做法。
3 簡單共享便利貼上的資訊後，將便利貼貼在白板上。
4 接著，對著某個成員的點子說「不錯喔！這樣的話～」，從其他人的想法再延伸出更多新點子。

不必在意新點子的品質。重要的是利用其他人的想法想出另一個新點子。重複這個過程，直到所有成員至少都想出1個點子，形式不拘。

3 實踐習作：不浪費全員任何一秒的「腦力傳寫接龍（Brainwriting）」

一般的腦力激盪，都是相關人員及時交換意見，透過熱烈討論來獲得點子，然而這樣的方式也有缺點。

那就是有人發言時，其他人只能默默地聽。而且，有些人與陌生人或不熟的人一起開會時，不習慣在陌生的環境中與別人分享自己的想法。以下介紹的腦力傳寫接龍，有助於改善這種狀況。

▼步驟

1 利用第八十七頁介紹的機會探索文形式，設定「問句」

2 設定好問句後，把問句寫在紙的最上方，回答該問題，也就是一人在三十秒內寫出三個點子。

3 寫完之後，按順時針順序遞給下一個人。

4 由於拿到紙之後，上面已經有別人寫的想法，因此下一個人可以參考這些點子，從中獲得其他的想法。當然，也可以寫出不同於其他人的點子。注意時間限制在二十秒，做到「不用管品質好不好，想到什麼寫什麼」。

腦力傳寫接龍是由霍利格（Holiger，德國的型態分析法學者）所研發的發想法。據說最初是運用在始於一九六八的德國職業訓練課程「Rohrbach」當中。這個發想法的特色，是由團體進行發散式思考，在所有參與者保持沉默的狀態下，安靜展開個人的發想。

這種發想法的好處是，有助於團隊成員將腦力激盪中難以說出口的意見表達出來，而儘管腦力激盪講求速度感，但若無法迅速想到點子，則可以透過腦力傳寫接龍，事先限定時間，讓每個人在時間內照自己的步調思考。

SECTION 2

加速腦力激盪的訣竅

準備

你或許覺得內容很重要，但最重要的是怎麼讓大家寫出自己的想法。設定團隊共同遵守的規則，就能提升討論和意見交流的生產力。

要達到這個目標其實不難，只要事先決定好以下事項即可。

▼決定好議題

用白板筆在在白板上寫下會議中不會更動的資訊或幾乎不會改變的事項，例如議程或規則等固定的事項。

如果想了解大家的近況，那議題就是共享、若想討論某個企劃，那思考發散就是主題。

反之，若議題不明，成員就不知道目標在哪裡，也不知道該用什麼立場發言。

▼決定結束時間

低生產力團隊常見的特徵是「嚴禁開會遲到，卻一再延長開會時間」。這個問題起因於缺乏在時間內決議、準時結束會議的觀念。遵守時間一到，即使還沒討論出結果也要先做出決議的話，工作速度就會變快很多。

▼決定好角色

角色共有三種。主持人、決議者、會議紀錄。

由於沒有安排書記人員將大家的意見寫在白板上，因此其中最重要的就是安排將討論重點和決議事項寫下來的紀錄人員。

一般都會安排書記人員站在白板前，把大家的意見寫在白板上，但這樣會讓腦力激盪的速度變慢。

在須要進行發散思考的會議上，由於大家講話速度相當快，因此若不是每個人都寫下各自的發言，抄寫的速度就會跟不上大家發言的速度。會議若沒有全員到齊，就不用期待提高生產力。另外，也可能發生有人只聽不發言的情況。這種人只要知道開會結果就好，根本不須要在場，請他來參加腦力激盪會議也變得沒有意義。

因此，不必安排書記人員寫白板，而是發給與會人員每人一本便利貼，請他們寫下自己的想法，貼在白板上。另外，請準備好與出席人數相同數量的筆放在會議室，讓大家想寫就有得寫。

基本上，由於會後再整理資訊即可，因此為了方便整理，我建議將所有想法寫在便利貼上。

❸激發點子

接下來要介紹腦力激盪開始後的流程。儘管每場會議的目的都不同，但大致上只要注意以下三個流程，就能提高討論的成效。

1 用直覺思考，想到什麼就寫下來。

2 整理點子。

3 理性地評估點子。

有些人會覺得「我也試過腦力激盪，但覺得沒什麼用」。其實，腦力激盪有幾個規則，不遵守就沒效果。覺得腦力激盪沒用的人，請遵守以下規則，重新試試看。

▼量勝於質

腦力激盪最重要的不是點子的品質而是數量。

史丹佛大學的詹姆士・馬其（James March）認為，日常作業和創意性作業差在「使用既有的點子」或是「尋求新的可能性」。發想失敗的原因，在於一開始就很在意點子的好壞，懷疑「這個想法行不通吧？」，自己阻礙了發想。執行日常作業時，雖然判斷一個方法行不行得通很重要，但進行創意性工作時，必須站在「雖然不知道這個想法行不行得通，但也是有成功潛力的吧」這樣的立場。

我要介紹讓你能產生這種觀點的二個思維。

首先第一個是，不要「鎖定唯一的解決方式」，而是想辦法「增加選擇」。也就是說，在點子發想中，最值得讚許的是「增加最多選項的人」。一般來講，說到解決方法就會想到「正確答案」，但請在沒有唯一解答的前提下，試著逐漸增加選項。

而第二個思維是區分點子發想階段和點子評估階段。

我已經說明過了，把想點子的時間和整理想法的時間分開比較好。假設你眼前有大量的點子，也完全不必緊張。因為你之後會花時間好好整理這些點子，所以現在只要專注追求「數量」就好。如果你注意到自己想要想出一個「好點子」，就把這個想法當作紅色警訊。由於非常重要，所以我要不斷提醒你，最重要的不是「好點子」而是「大量的點子」。等你獲得很多點子、增加選項之後再進行評估。初步階段的關鍵，是能想出十個、五十個、一百個點子。

▼互相鼓勵「厲害！」「很不錯！」，能打造心理安全感

以玩遊戲的感覺進行發想非常重要，例如，像以下的規則一樣，將反應分成三個等級也很有效。在最初的階段中，若有人提出任何想法，都一樣要說「這個主意不錯！」。接著，若有人提出很棒的想法，就要說「這個點子厲害！」。然後，當有人真的提出嶄新且有趣的想法時，就可以說「你簡直是天才！」。

這樣的規則之所以能發揮作用，是因為能使參與者產生心理安全感，在這樣的狀態下，團隊全體就會認為「大家難得聚集，就來想一些好玩的東西吧」，積極且愉快地進行發想。

若想獲得大量的點子，最重要的就是製造即使想法很無聊，也不會被否定，可以大聲說出自己意見的環境。這樣的環境指的是使人「在心理上有安全感」，什麼都能說出來的環境。少了這樣的環境，即使你告訴大家「請自由發言」，大

家也會察言觀色或者先想想自己的點子夠不夠好才敢講話。這麼一來，就會變成大家都不講話、開會死氣沉沉。

▼明文規定發想規則

建立心理安全感的另一個重要關鍵，就是像我剛剛講的一樣，明文規定腦力激盪的規則並公開。若沒有特別規定就開會，最後就會變成老樣子。或許剛開始這麼做會令人覺得有點不適應和刻意，但還是請你宣布「今天的會議要照這些規則走」。並且，透過積極發言，讓其他人也覺得「是啊，在這裡就是這樣開會」。

團隊領導者事先提出抽象的概念（這裡指的是會議規則）和展開具體行動（這裡指的是發言），就能增加其他人的安全感。

▼故意問笨問題

另外，「故意問笨問題」也是很不錯的做法。這個方法源自於美國太空梭「挑戰者號」爆炸的歷史事故。在這個意外事故中，相關人員雖然早就注意到有可能發生意外，但直到實際發生事故前，都沒人敢講出自己的想法。

這是因為組織整體的氣氛已經認定太空梭一定會發射成功，因此沒人自己跳出來說「照這樣下去，計畫會失敗」。大家擔心說這種話會被認為是在潑冷水，並且受到責備。

因此，需要創意思考、發散性思考的會議，絕對少不了歡迎大家提出蠢問題、笨發言的態度。雖然白板用得正確也很重要，但所有與會人員的開會心態和心情也很重要。

▼從別人的想法去延伸

並且，若希望創意源源不絕，「從別人的想法去延伸」也很重要。讓我簡單說明一下理由。

話說回來，創意是什麼？很多在廣告公司工作的人，都有讀過詹姆・韋伯・揚（James Webb Young）的《創意，從無到有》。作者在這本書中說到「創意是不同元素的重新組合」。所以說，創意就是「沒想過可以組合在一起」的東西。

聽起來或許有點老派，而我要介紹一個更舊的例子，讓你們了解這是超越時代的普遍性原則。

例如，附橡皮擦的鉛筆。橡皮擦是十八世紀末的產物。當然，那時候鉛筆已經是早就有的主流商品。這麼一想，橡皮擦普及後，就可以立刻想到把橡皮擦與鉛筆結合。然而，附橡皮擦的鉛筆，是在橡皮擦出現後八十八年才誕生。結合兩種元素竟然要花這麼長的時間。而儘管花了那麼長的時間，現在所有文具店都能看到「附橡皮擦的鉛筆」。這個設計讓我們使用起來更加方便。

再舉一個最近的例子。亞馬遜的 1- click 專利也是如此。消費者剛開始利用亞馬遜網站購物時，是分開進行「選擇商品」和「輸入收貨地址、信用卡資料」。然而，「結合兩種行為」正是亞馬遜取得專利的原因。

就像這樣，「將很平常的東西結合成嶄新的組合（創意）」，能讓我們的生活更便利。也就是說，特意去結合不同的元素，就能增加全新、有趣的創意。

並且，在這個過程中很重要的一點是不要單獨思考，與其他和自己有不同經驗和知識的人交流，從他們的想法去延伸出更多創意。

況且，與其獨自思考，和團隊一起發想，組合不同的元素才能產生更多點子。因為每個人都有獨到的觀點。雖然也可以單獨進行，但請試著從別人的點子去延伸想法，進行腦力激盪。

我從訓練創造力和生產力的經驗學到，「團隊間對話量越高，就能產生越多創意」。而且，對話量越高創意越多的團隊，越能在最後整理點子的時候，獲得高水準的解決方法。請一定要跳脫日常作業的「常識」，讓團員站在各種觀點展開對話。

簡扼呈現創意

最後的規則是簡扼呈現創意。例如，我個人偏好「視覺化」的方式。除了文字之為，配合文字搭配簡單的圖畫，就能提供其他人更多的刺激。況且，文字難以表達的東西，也可以透過圖畫瞬間一目瞭然。

如上所述，腦力激盪的訣竅就是遵守規則。不過，由於我也聽過有人說「腦力激盪不就是自由發揮，想說什麼就說什麼嘛。有規定的話，感覺好奇怪」，或許很多人沒有遵守規則吧。

很遺憾的是，若不遵守我這裡介紹的規則，那與其進行腦力激盪，還不如自己一個人思考還比較有效率和創意。沒有規則就會亂七八糟。

整理點子

點子發散結束後，接下來要做的是整理點子。

整理點子的過程中，就會發現同一類的想法。例如，與「安心感」相關的想法。或者也會發現「效率化」的需求。請在「安心感」的類別中，再進一步深入思考。

例如，你或許會發現「安心感無關我們在哪裡，而是和誰在一起」。這樣就能觀察到各類別之間的關聯。通常我們不會將「安心感」與使用者對「效率」的需求連結在一起，但透過分類的過程，或許就能看到各類別之間的特殊關係。

一一分類，討論當下發現的東西。然後，再反覆重新分類。

3 評估點子

▼不用單一觀點，而是三個觀點進行評估

蒐集到大量點子之後，就要選出有效的點子。雖然在點子發想的階段中不必進行評估和判斷，但從這個階段開始，就要積極評估點子。評估的目的在於「選出值得一試、有突破性的發想」。絕多數人在點子評選過程中，經常犯的錯誤是想選出「能精準掌握下一步、絕對錯不了的點子」。

「這個點子難度很高。以公司目前的資源（人才和技術）來講，可能做不到。

放棄才是聰明的選擇」，像這樣先考量可實現性的話，通常就只會選出毫無用處的平庸點子，或者沒意義且無法激發士氣的點子。雖然可實現性很重要，但如果在這個階段就做出這樣的判斷，就會導致前面所有的努力前功盡棄。

選擇點子的標準，應該是「用不同於以往的觀點，選出成效可能不錯的點子」。我要再講一次，重點是「可能性」。由於新的想法包含了與過去不同的元素，因此要著重在可能性上。評估時，應從各種角度去判斷一個點子是否符合這個標準。

具體而言，我建議透過下列觀點來評估。

- **有益性**：有效
- **可實現性**：可順利完成
- **革新性**：饒富趣味

在這個階段要注重的評估標準是有益性。雖然不確定實際上是否能做到，但若做得到的話，顧客和員工都會很開心，以這樣的角度去評估。實際著手規劃時，即使有想到任何問題，也請先把這些問題拋諸腦後。就像以下這種感覺。「老實講，我不知道怎麼把想法具體化。但是，如果真的能做到，顧客一定會非常開心。」

下一個標準「可實現性」是指從「真的做得到嗎？」的觀點去評估。你可以設定研發期間或預算等更確切的評估標準。只要是能讓你覺得「規劃好之後，執行起來應該沒問題」的點子都好。在這裡要注意的是，可執行不代表有效用。

最後的「革新性」是指以前沒想過，但似乎滿有趣的點子。以這個觀點來評估點子時，要用以下的方式去思考。「如果不去想個點子的任何缺點和所有現實中的限制，這個點子實現之後，會帶來什麼有趣的影響嗎？」

像這樣透過能否對人帶來好處、是否能具體化以及是否有趣的觀點去評估點子。最後能符合這三個條件的，就是充滿潛力的點子。

腦力激盪議題／共享方法

討論結束後，確實記錄討論內容以便日後參考非常重要。並且，與相關人員共享概要時，有沒有紀錄也會影響資訊的正確性。

基本上，我建議使用白板時，不要擦掉寫上去的內容，而是持續添加內容。如果一定要擦掉，請務必拍下照片。雖然依會議的種類而異，但很多議題其實也很重視「結論是怎麼討論出來的」，而非只看結論。遇到這種議題，當人們只看到寫在白板上的結論，也會不禁懷疑「奇怪，是怎麼討論出這個結果的？」。連與會者都會忘了討論過程，更不用說沒出席會議的人會一頭霧水了。

不過，有的會議室白板偏小或者只有單面。這種時候，就可以運用模造紙或第六十四頁介紹的便利工具「可再貼自黏大海報」，以確保有足夠的書寫空間。

最慎重的共享方法，是指定會議專屬的紀錄人員，將相關人員的發言一字不漏地記錄下來。然而，這種方法雖然可以確保正確性，但也可能必須在會議後，再跟會議出席人員確認會議記錄跟他們說的話有沒有差異。這麼一來，就無法迅速做決策，最慘的是還可能發生「終於整理好幾週前的會議紀錄，但顧客的要求或商業環境改變了，所以必須重新開會」，導致再三拖延商務上最重要的「行動」。

另外，若因為重視速度所以不記錄白板上的內容就立刻採取行動的話，則會演變成「奇怪，為什麼這個工作比其他工作重要」，由於不知道討論過程，所以無法決定優先順序。

這麼一來就會導致正確性和速度無法兼得。若希望團隊做事能兼具創意和生產力，我建議在會議結束後，將白板上的內容全部拍下來，用 email 傳給在場所有人員以共享資訊。

這樣就能同時獲得效率和正確性。因為白板的內容是由現場與會人員一起寫的。只要沒有出大差池，就不會發生白板內容與「實際討論內容完全不同」的狀況。而且，雖然文字的會議紀錄具備良好的「正確性」和「完整度」，但沒參加會議的人就不知道「裡面哪些資訊重要」。

而如果拍下白板上的內容，上面很可能濃縮了與會人員覺得重要的資訊，因此與其他人共享這些紀錄是最有效率的方法。

當然，如果是像法院一樣，每一句話都講求準確的場合，詳細記錄會議就顯得很重要，然而若是需要效率的商務場合，就可以多少犧牲正確性，盡早與團隊和組織全體共享資訊，「採取實際行動」更重要。

總結

- 腦力激盪的會議上不安排書記人員，而是發放便利貼給所有的成員，讓大家同時發散創意，把便利貼貼在白板上。
- 彼此鼓勵，對別人的意見說聲「這個點子很棒！」，讓大家獲得心理安全感，讓腦力激盪的氣氛變熱絡。
- 創意發想結束後，將便利貼分類，挖掘出潛藏在內的需求和洞見。
- 拍下白板上的腦力激盪內容，保存下來。

第5章 加速大腦運轉的方法

CHAPTER 5

HOW TO INCREASE PRODCUTIVITY TO REALIZE YOUR VISION

Overview

我在第 5 章要介紹進一步加強地頭力的技巧和架構。

本書前面介紹的是激發、整理創意，並與其他人分享點子的方法，而如果能再多用心提高工作的生產力，就能加速獲得更有影響力的成果。

並且，我也會在這一章介紹如何將紙筆的運用方式和思維，套用在數位工具上，讓你創造嶄新的工作成果。

SECTION 1

加速腦力激盪的訣竅

工作能力好和差的人，差別是什麼？

他們就差在速度感。工作能力優秀的人與菜鳥的差別，在於前者能迅速完成工作。

優秀的工程師，一小時就能做完工作。菜鳥若學會程式碼，或許也能寫出一樣的程式，但可要花上好幾年。也就是說，最終就是差在速度。

在矽谷，很多擁有相同點子的公司，激烈競爭只為了拔得頭籌。因此最重要的不是服務品質，而是能否及早推出服務和及早改善服務。即使點子不成熟也沒關係，用最快的速度去做才是矽谷流的做法。

實際上，Apple 和 Google 也將此原則應用在日常的工作中，注重兼具創造力和生產力，因而成果持續領先其他公司。

前面介紹的筆記術，讓你懂得發想、整理、分析創意，並且擬定能號召行動力的計畫。

然而，最重要的是執行計畫，從行動中去驗證假設是否正確。

即使擬定了具有創意和高品質的計畫，是否能解決現實中的工作課題、服務能否滿足顧客需求，完

Fig.22 先有速度，再講求品質

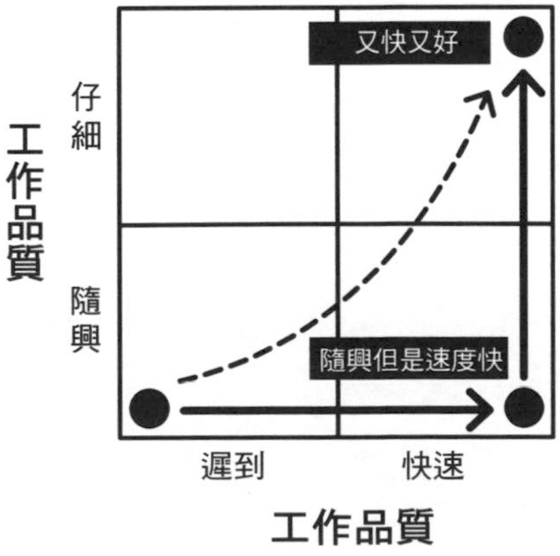

即使做事仔細，但如果什麼都沒輸出，照樣是零成果。輸出時，先求有再求好，速度很重要。

全又是另外一回事。花多少時間做多少工作、能做出多少成果，不去做就不知道。

也就是，這些都是不確定的。身處瞬息萬變的商務環境，能否在不確定的狀態中執行工作，是很重要的能力。

而執行工作需要的，是前章為止一直提到的、與「創造力」為一組的概念「生產力」。

❸創造力加上生產力，形成絕大的影響力

創造力是透過嶄新的觀點和思維，做出更大成果的能力。

例如，因打造「玩具總動員」而成名的皮克斯動畫工作室艾德・卡特姆（Edwin Catmull）就說過「創造力是解決人生問題的能力」。人生會面臨各種問題。有工作上的問題、有私生活的問題，問題也有大有小。能讓這些問題獲得

解決的，最重要的就是能讓我們知道「該做什麼」的創造力。以英文來講，等於是What的步驟。

找出「該做什麼？」的能力，在本書中稱為創造力。

而只要知道該做什麼，接下來要想的就是「什麼方法能最快完成這個行動？」

也就是能以最短距離實現What的方法。我在本書中將這個能力定義為生產力。

有創意的人，面臨自己、旁

Fig.23　創造力×生產力＝成果

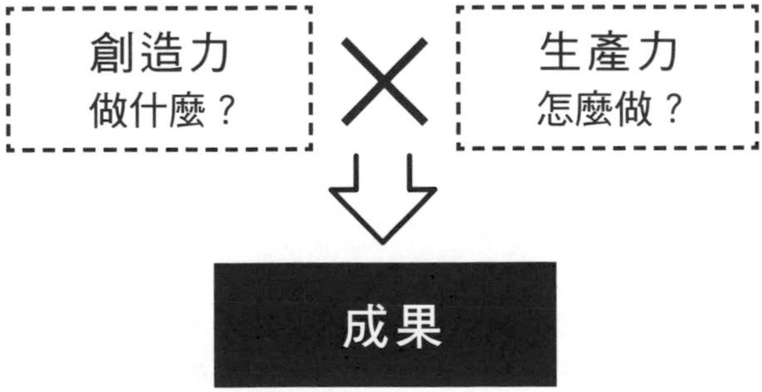

工作的成果由創造力和生產力決定。
由於提升創造力的規則和提升生產力的規則不同，因此重點是聰明地區分運用。

人的困擾或社會問題時，都能想到好的解決方法。

而有生產力（productive）的人，能以最有效率的方式執行解決問題的方法。有效率是指不耗費時間和金錢，用少少的成本去執行工作。

SECTION 2

創意與生產力有不同的規則

想做好工作，首先要發揮創意，明確掌握該做的事。而在接下來的階段，生產力則必須派上用場，也就是能確實且有效率地執行該做的事。

雖然是很簡單的概念，但事實上執行起來卻有一定難度。為什麼？因為提高創造力的原則與提升生產力的原則剛好相反。

這就好比籃球和足球的差別。籃球是使用手的運動，如果像足球一樣踢籃球就是犯規。

能否正確掌握不同規則，在工作上視情況彈性運用，是最後能不能做好工作的關鍵。

創造力具備以下的特質和規則。

1 跳脫以往的思維，想出全新的點子。

2 阻礙重重的點子比一帆風順的點子多。

3 若能順利執行，現狀會跟以前差超過十倍。

而生產力具備以下的特質和規則。

1 充分運用現有架構想出點子。

2 幾乎都能順利執行。

3 若能順利執行，現可以改善好幾個百分比。

接下來的章節，將針對後方的生產力，介紹如何提高生產力的思維和方法。

SECTION 3

保持專注的思考法

維持心流狀態的「20—20—20法則」和「番茄工作法」

我在第一〇一頁已經說明過心流。我說，享受並且完全沉浸於創意發散過程的狀態即為「心流」，也介紹了達到這個狀態的方法。

這個做法不只能運用在創意發想的階段，也能用來促進生產力，提升工作效率。

專心工作的時間越久，就越容易做出成果。

每工作一小時，至少必須休息十分鐘。用鬧鐘或手機設定時間，一小時一到就強迫自己休息。雖然你會覺得「做得正順手的時候，打鐵要趁熱」，但是從長遠的眼光看來，不眠不休地工作，做出來的成果並不理想。

你或許可以連續工作二小時，但你也會因此疲憊不堪，導致接下來的一小時難以專心工作。

而且，一小時是有科學根據的。某研究指出，若坐著超過一小時，對身體的傷害等同於抽菸。

因為現代人整天坐在電腦桌前工作的行為，從人類的歷史來看是很奇特的行為。人類走路尋找食物、到處移動已經超過數千年，我們的身體認為這才是「正常」的行為。

不過，即便知道這樣的行為異常，也不得不工作。因此，我們才必須適度休息，避免造成身體負擔。

20─20─20法則

我雖然以一小時為標準，但如果遇上必須整天從早忙到晚的時候，則可以把時間分割得更細來獲得休息，以讓自己能專注一整天。

這個方法叫做「20─20─20法則」。也就是每二十分鐘一次，一次休息二十秒（盡量站起來稍微活動身體），望向前方二十公尺處。這麼不僅可以讓身體休息，也可以在用眼過度前取得適當的休息。

番茄工作法

另外，「番茄工作法」也是滿不錯的方法。

和「20─20─20法則」一樣，我特別推薦還不習慣連續工作一小時的人採行這個方法。

這個時間管理法是由義大利人法蘭西斯科．西里洛（Francesco Cirillo）創立。由於他本身是工程師，因此這個方法一開始是在軟體研發人員當中流行起來，後來透過哈佛商業評論（*Harvard Business Review*）的介紹，一夕之間全球爆紅。

有些讀者應該早就知道這個時間管理法，但我覺得在日本還是鮮為人知，因此想在這裡介紹一下。若想深入了解內容，我建議可以閱讀創立者本人的著作。詳細資訊刊載於本書的參考文獻，有興趣的讀者請一定要看看。

這個時間管理法會用到的工具是計時器。而大致上的做法如下。

1 設定你要做的工作。

2 計時器設定二十五分鐘。

3 持續作業，直到計時器響為止。

4 計時器響之後，停止作業。

5 休息五分鐘，可以去散散步、深呼吸、喝個水等，做一些和工作完全無關的事讓大腦和身體休息。

6 重複三~五的步驟四次，二小時過後，休息久一點，大約二十~三十分鐘。

◡ 關掉通知功能

數位裝置通常具備訊息等通知功能。然而，這些聲音卻會打斷我們的注意力。除非是真的非常重要的通知，否則基本上請把所有的通知關掉。

最簡單的就是手機直接關機。或者設定為飛航模式。雖然只是個簡單的動作，但只要關機就能防止發生「好不容易集中精神，卻被電話鈴聲打斷專注力」的狀況。

某研究指出，一旦專注力被打斷，就得花約二十三分鐘才能回到原本的專注狀態。在一小時當中，即使前三十分鐘很專心，只要被打斷，剩下的三十分鐘也很難再專心。關掉通知功能，可以讓你保持專注，不浪費時間。

去連不到 Wi-Fi 的咖啡廳，刻意讓自己只能做某項工作也是好方法。重要的是別以為「自己專注力很高」，而是知道「自己很容易分心，必須去連不上網路的環境，避免受到誘惑才能專心工作」。這種想法不是缺乏自信的表現，而是因為人類原本就不容易專心。

同時做很多事，只會讓你完成一些不重要的工作

話說，數位工具還有一個很大的特色，就是能同時開啟多個軟體和網站，進行各種工作。

或許有人覺得多工是很有效率的做法。多工作業的確很有效率，但這僅限於

簡單的工作。

例如，回覆簡單的信件、調整行事曆行程等等。不過近年的研究已發現，多工適合這類簡單的作業，卻不利於難度較高的工作。

具體而言，工作做到一半再去做其他工作時，腦內就會產生「注意力殘留」的狀況。這裡所說的「注意力殘留」是指，大腦的注意力還留在上一個工作中，還在思考上一個工作。

例如，在做完工作A之前就切換到工作B。即使螢幕上出現的都是與B工作相關的資訊，我們的思緒還是多少會停留在工作A上。

我們的認知系統，無法像機器一樣，按一個鍵就能完全切換模式。

相較於完全專心的狀態，在大腦注意力尚未完全轉移至工作B的狀態下繼續工作，工作效果（速度和品質）一定比較差。

解決這個問題的方法很簡單，就是「切割時間」。

在時間壓力中完成工作，也能促使大腦停止注意已完成工作。這麼一來，開始進行接下來的工作B時，就能防止發生注意力還停留在工作A的狀況，提高下一個工作的成效。

也就是說，切割時間不僅能產生「工作結束」的認知，也能同時有「時間到了」的物理體驗，讓大腦的專注力能順利轉移至下一個工作。

總之，若是較難的工作，設定時間、專心完成該工作才是最有效的做法。同時做很多事，或許會讓人以為自己完成了很多工作，但其實成效是打折扣的，因此請務必要創造一個環境，讓你能在「認知」和「時間」上都知道工作做完了。

一天只要做三件工作

我們每天能做的工作有限。為了能在有限時間的資源內踏實地做一個工作，必須預先設定好「今天絕對要做完這件事」並確實完成。

高生產力的人，一定會在工作前就整理出一天當中最重要的工作和不重要的工作。

具體來講，將標準設定為「一天只做三件工作」，這樣應該更容易理解我說的話吧。

這並不是指實際上只能做三件事，而是方便你排好順序，決定第一件要做完的工作、第二件要做完的工作、第三件要做完的工作。

當然，除了決定好的工作之外，偶爾也會有其他臨時工作和雜事。正因如此，想要提高生產力，就得一早就決定第一件要完成的是哪件事。

而寫下要做的三件工作後，把這三件事貼在工作場所的顯眼處。你可以使用序章介紹過的便利貼，或著將寫有這三件事的筆記本翻開放著。無論如何，就是要能看到今天哪個工作最重要。很抱歉，由於人類無法專心很久且資訊量與日俱增，因此如果不這麼做就只會「忘記」。

除非你是記憶力特強的人，否則面對工作時，還是先假設大腦更擅長失意吧。

SECTION 4

最重要的是你「什麼時候」、「在哪裡」能專心

雖然人可以分為「專注力高的人」和「專注力低的人」，但實際上兩者的專注狀態並非永遠不變。我的意思是，有的人天生專注力高，但事實上大部分的人都是知道「自己在怎樣的環境下可以更專注」。

而這裡所說的環境，主要可分為「時間」和「地點」。在這裡我先介紹「時間」，接著再介紹「地點」。

ⓘ也有人早起會導致生產力下滑

一般認為早起工作的人都很有「生產力」。例如，亞馬遜創辦人傑夫・貝佐斯（Jeff Bezos）和蘋果執行長提姆・庫克（Tim Cook）等眾多知名的企業老闆，都是清晨四、五點起床收發郵件、看書或者到健身房運動並沖澡之後，再當第一個進辦公室的人，默默地工作，很充實地運用早晨。

然而，最近的研究也發現，實際上，有些人早起反而會導致生產力降低。該研究證實，人依照時間的運用方式，大概可分成三種人。

- **第1類：**早上精神特好的「雲雀型」，據說這種人占總人口的約十四％。
- **第2類：**晚上精神充沛的「貓頭鷹型」。實際上，這類型的人比晨型人還多。大約有二十一％。
- **第3類：**精神狀況不像雲雀型和貓頭鷹型表現得如此明顯、介於中間的「第三種鳥型」。這類人約占六十五％。

以最常見的晨型工作來講，經常有人會這樣建議，例如「早點起床，在不會被打擾的環境中，先把需要專注力的工作做完。由於下午容易分心，所以安排一些簡單的工作。」

然而，這種工作方式只適合第三類型的人。因為早上精神好的雲雀型人，就如字面上所述，中午前工作效率最好，所以基本上清晨四點起床到中午十二點之間，把大部分的工作做完是最理想的工作方式。

另一方面，晚上精力充沛的貓頭鷹型人，即使早上硬著頭皮起床，整個上午腦袋也不清楚，因此工作效率比晚起「更差」。

而不論是哪種類型，每個人都有適合創意發想和生產力較高的時段。

例如，多數人屬於的第三類型，在上午到中午的這段時間，適合做需要高專注力的分析作業。而需要創意的工作，則適合在易分心的傍晚左右做。為什麼是傍晚呢？這和我們的意識控制能力有關。意思是，分心代表把注意力轉向其他東西上，不容易控制意識，但也正因如此，所以適合思考與當下工作無直接關係的事情或天馬行空地幻想。

請參考以下三個標準，判斷自己屬於哪種類型。

1 你通常幾點睡覺？
2 早上幾點起床？
3 睡眠的中間時刻（入睡和醒來的期間）是哪個時段？

從過去經驗了解自己在哪個時段精神較集中的人，請盡量在這個時段間把工作做完。

ⓤ 知道哪些地方可以增進你的工作成效

不只工作時段重要，工作場所也是關鍵。影響專注力的主因是「噪音程度」。

說到噪音，一般認為施工聲、電車行駛聲、聊天的聲音等，都會使用難以集中精神。然而，近年研究已發現每個人對這類聲音的感受是有差異的，有些人在這些「雜音」之下反而更專心。

也就是說，有的人覺得在圖書館等安靜的地方才能「專心」，也有人會因為「太安靜」反而難以專注。

該研究結果顯示，一般被認為專注力低的人，在咖啡廳等聽得到音樂和人聲的地方，比較能集中注意力，而專注力高的人，在安靜的狀態下才能集中精神。

另外，我自己在咖啡廳等場所，以及很多人的地方，比較容易專心。所以說，我是專注力比較差的人。因此，我如果待在家裡等安靜的地方會無法專心，所以我習慣到咖啡廳、美食街等人較多、吵雜的場所工作。當然，我也會去圖書館這類場所做事，但通常這種時候我會戴上耳機聽自己喜歡的音樂家音樂。

如果你不知道自己屬於哪種類型，不妨試著（不必自己製造噪音）到聽得到別人聊天或者小孩喧鬧的地方工作。若你在這些地方工作的效率，比在圖書館等非常安靜的地方更好，就表示你在一定的噪音下比較專心。

順道一提，為什麼專注力差的人，在稍微吵雜的環境下反而能集中精神呢？這是因為他們的注意力通常處於渙散的狀態。我也是如此，常常做某件事做到一半，就開始想其他完全無關的事情，而無法專心做眼前的工作。

在靜悄悄的環境中，即使想專注在眼前的工作，也會因為腦子會浮現「其他的事情」，導致分心。而若是在可接受的音樂和人聲中工作，由於部分注意力會飄到這些聲音上，因此除了當下的工作和周遭的聲音之外，沒有餘力去注意其他事情。這麼一來，由於只剩下眼前的工作和雜音能讓我選，因此相較於在靜悄悄、有很多東西使我分心的環境中，有點吵反而讓我更能專心做事。

ⓤ不論哪種體質，「多補充水分」大部分都有用

每個人最能專心的「時段」和「地點」都不一樣。然而，有一個方法對所有類型的人都有效。這個方法就是「喝水」。

有人會懷疑這麼簡單的方法真的有用嗎？但是研究已經證實，多喝幾杯水不僅能大腦運作和身體能力，還能促進腦力。

具體而言，喝水後再進行腦力作業和沒喝水的人相比，工作前喝約五百毫升（一般的一人份單瓶水）水的人，比沒喝水的人反應速度快了約十四％。而且，若對口渴的人實施相同的實驗，效果更是明顯。

該研究團隊中的一人表示「即使是稍微的水分不足，也會影響我們的腦力表現」。

而且，研究結果也顯示，在感覺到「口渴」之前，缺水就已經對大腦產生實際的影響。至於為什麼喝水有用，說法很多，不過從大腦的成分有八〇％是水來看，就可以簡單推測出喝水能提升頭腦的運作。

若喝一杯水，就至少能提升一成的表現，沒有不喝的道理吧。

SECTION 5

數位裝置活用法

◆電腦是用來「彙整／編輯」而不是「激發」想法

我一開始就說過，思考點子的前期階段，適合搭配使用傳統工具。然而，隨著過程進行就得開始編輯整理，這時候使用數位工具，才能提升工作效率。筆記本適合用來激發想法，而整理點子的時候，若不搭配使用便利貼等工具的話，效率就會變差。

另外，數位工具則能讓我們以高效率整理、分析點子。

在這一章節，我要介紹數位工具的使用法，以及幾個在使用上能保持專注力的簡單技巧，主要目的是提升讀者的創造力和生產力。

Apple Pencil 和 iPad 幾乎跟真的紙筆一模一樣

這裡要介紹搭配 Apple Pencil 使用的 iPad 知識生產術。在 iPad 上安裝 Good Notes 筆記 APP，就能像 APP 名稱所示，工具效率快好幾倍且品質更優。

我本身用的是 iPad Pro 12.9 吋的商品。原因是在 A4 大小書籍和 PDF 檔案上做筆記和編輯時，這個大小比較像原本的尺寸。不過，在意重量的人，可以選擇小一點的。

不只是 iPad，買任何平板電腦時，畫面清不清楚（大小）和重量通常是魚與熊掌不能兼得，因此請到實體店面感受一下寫起來的感覺和重量，選擇適合自己的產品。

而利用iPad工作時，「GoodNotes」是相當方便的APP。本書出版時，「GoodNotes」已經更新到最新版本。

這個APP有很多功能，其中以下三個功能，最有助於提升日常工作的創意和生產力。

▼即時螢幕截圖和匯入照片，直接備註

用電腦開PDF等檔案時，若要在檔案上備註，程序還是有點麻煩。但如果是用GoodNotes，就可以打開檔案，直接在PDF、照片或文件上做筆記。

▼用套索工具就能自由變更筆記內容的大小和位置

我建議過用筆記本寫東西的時候可以隨意一點，但有的人就是會「想把筆記整理整齊」。這種時候若用這個APP，就很方便把隨意寫下來的內容重新整理

一遍。

▼可自行製作模板，也有很多筆記模板可使用

更具體來講，這個 APP 有個模板是十六格的空白筆記。用這個模板，無論是做簡報或按步驟思考工作，都能依序把想到地東西填進去。

用這個 APP 的時候，我也建議寫錯的話不要擦掉，而是直接寫到下一個方格中。思考到一定程度後再來編輯，整體來講更有效率。

⮑利用 Google 服務進行編輯

iPad 和 GoodNotes 都要花錢買，不過還是有可以立刻使用的免費工具。我推薦的免費工具包括 Google 文件、Google 試算表以及 Google 簡報。

雖然功能不如 Microsoft Office 齊全，但簡單的作業還是可以在 Google 上完成。這些服務有以下三個優點。

1 免費

2 自動進行文件的版本管理。

3 即時共同編輯。

順道一提，我也是用 Google 文件和 Google 試算表寫完這整本書。能免費使用當然是一大好處，但其實還有另一個更大的優點。那就是這些服務都會自動進行版本管理。我們通常會將原檔以「ver1.10」保存，經主管修改後則會保存成「ver1.2」，然後檔案就在不知不覺中越來越多。這些服務可以讓你省去這個麻煩。

另外，使用 Google 服務時，最多可由五十人即時共同編輯。若不能像前面介紹的一樣，讓大家聚集在白板前集思廣益的話，就可以利用線上服務進行。

利用 Miro（線上白板）進行編輯

利用 Google Drive 開線上會議雖然方便，但若是更重視視覺且希望共同作業的話，我會推薦使用 Miro。免費版本提供三個白板讓使用者使用，因此開小型會議或想讓大家一起出主意的時候，我很推薦 Miro。

Miro 有以下三項具體的優勢。

1 可作為巨型白板使用

2 方便的紙條功能

3 豐富的模板、框架

雖然和前面介紹過的 Google 簡報一樣，可作為線上白板進行共同作業，但 Miro 的白板更寬更大。

而且，原本就附紙條功能，可以自由選擇尺寸和顏色，使用起來非常方便，因此也很適合運用本書介紹的各種筆記架構和工具。

再者，Miro 還提供了很多有助於提升團隊創意和生產力的便利模板和框架。可依照您的目的和狀況選擇使用。

總結

- 同時提升創造力和生產力，能迅速獲得更豐碩的成果。
- 提升生產力的關鍵是「時間」和「地點」。
- 每專心一小時就要休息一下。若不習慣這樣的工作模式，就採取20—20—20法則或番茄工作法，以更小的時間單位分割作業。
- 以紙筆進行思考發散後，可用數位工具進行編輯。
- 利用 iPad、Apple Pencil 和雲端白板等工具，整理並共享點子。

謝詞

雖然本書是我的個人著作，但其實從編撰到出版期間，得到了很多人的協助。與各方人士的溝通與合作，使本書的內容更充實，我寫書的過程也感到非常愉悅且深具意義。我希望在這裡特別介紹並感謝協助過我的人。（無特定順序）

石田一統さん、イー・チャンさん、トーマス・ボスさん、アダム・ロイヤリティーさん、宮下祐介さん、足立敬さん、岡慧準さん、梶稀生さん、小島清樹さん、齋藤讓一さん、吉川肇子先生、國領二郎先生、玉村雅敏先生、山脇秀樹先生、石田恭規さん、薄井佐知子さん、沖森絵美さん、金畑里奈さん、木村徳沙さん、斉藤紗紀さん、斉藤雅世さん、重富渚さん、中澤雄一郎さん、中村珠希さん、肥後和男さん、平塚博章さん、山口木綿香さん、上野敏良さん、河井研介さん、鹿野浩史さん、小林弘典さん、鈴井博之さん、瀬賀啓衣さん、高内章さん、谷川徹さん、千葉伸明さん、福田強史さん、藤田勝利さん、水野貴之さん。

足立邦平さん、阿部理央さん、氏田あずささん、上廣友梨さん、碓井舞さん、長田勇二さん、小澤陽子さん、浦田みずきさん、斉藤博さん、佐々木紀子さん、齋藤滋規さん、澤谷由里子さん、鈴木公明さん、高山千弘さん、瀧知恵美さん、立石妃成子さん、田中・ブラッドリー・優介さん、西江祐美さん、花田宏司さん、原田愛美さん、原弘美さん、前野隆司先生、宮嶋みぎわさん、山下亜莉紗さん、八木田寛之さん、山田圭介先生、山田佑樹さん、横田幸信さん、吉貞亮治さん、渡邊大智さん、浅野ヨシオさん、ウエスタン安藤さん、池田哲平さん、栗原茂さん、しぎはらひろ子さん、土井英司さん、藤田悠さん、水野一誠さん、山崎勝さん、鈴木絵美子さん、大石悠一郎さん、折田楓さん、幸地俊樹さん。

國家圖書館出版品預行編目資料

讓腦袋大躍進的史丹佛超級筆記術／柏野尊德著；楊毓瑩譯. -- 臺北市：商周出版：英屬蓋曼群島商家庭傳媒股份有限公司城邦分公司發行，2022.03

面；　公分. --（新商業叢書；BW0793）

譯自：地頭が劇的に良くなるスタンフォード式超ノート術

ISBN 978-626-318-179-3（平裝）

1.CST：職場成功法　2.CST：創造性思考

494.35　　111001736

BW0793

讓腦袋大躍進的史丹佛超級筆記術

原　書　名／地頭が劇的に良くなるスタンフォード式超ノート術
作　　　者／柏野尊德
譯　　　者／楊毓瑩
責 任 編 輯／劉芸
版　　　權／黃淑敏、吳亭儀、江欣瑜
行 銷 業 務／周佑潔、林秀津、黃崇華

總　編　輯／陳美靜
總　經　理／彭之琬
事業群總經理／黃淑貞
發　行　人／何飛鵬
法 律 顧 問／台英國際商務法律事務所　羅明通律師
出　　　版／商周出版
臺北市104民生東路二段141號9樓
電話：(02) 2500-7008 傳真：(02) 2500-7759
E-mail：bwp.service@cite.com.tw
發　　　行／英屬蓋曼群島商家庭傳媒股份有限公司　城邦分公司
臺北市104民生東路二段141號2樓
讀者服務專線：0800-020-299　24小時傳真服務：(02) 2517-0999
讀者服務信箱E-mail: cs@cite.com.tw
劃撥帳號：19833503　戶名：英屬蓋曼群島商家庭傳媒股份有限公司城邦分公司
訂 購 服 務／書虫股份有限公司客服專線：(02) 2500-7718；2500-7719
服務時間：週一至週五上午09:30-12:00；下午13:30-17:00
24小時傳真專線：(02) 2500-1990；2500-1991
劃撥帳號：19863813　戶名：書虫股份有限公司
E-mail: service@readingclub.com.tw
香港發行所／城邦（香港）出版集團有限公司
香港灣仔駱克道193號東超商業中心1樓
Email：hkcite@biznetvigator.com
電話：(852)2508-6231　　傳真：(852)2578-9337
馬新發行所／城邦(馬新)出版集團 【Cite (M) Sdn. Bhd.】
41, Jalan Radin Anum, Bandar Baru Sri Petaling, 57000 Kuala Lumpur, Malaysia.
57000 Kuala Lumpur, Malaysia
電話：(603) 9057-8822　　傳真：(603) 9057-6622　E-mail: cite@cite.com.my

封 面 設 計／黃宏穎　　內頁設計排版／唯翔工作室
印　　　刷／韋懋實業有限公司
總　經　銷／聯合發行股份有限公司　　電話：(02)2917-8022　　傳真：(02)2911-0053
地址：新北市231新店區寶橋路235巷6弄6號2樓

■ 2022年3月10日初版1刷　　Printed in Taiwan

城邦讀書花園
www.cite.com.tw

ISBN　978-626-318-179-3（平裝）
ISBN　9786263181854（EPUB）

定價／350元　港幣117元